潮汐国度

T I D A L

K I N G D O M

生命的
繁衍密语

刘毅　尉鹏◎著

U0162700

机械工业出版社

CHINA MACHINE PRESS

本书是作者多年来对潮间带生物的观察研究及长期的经验积累的成果，它结合了大量的野外补充调查、室内研究、文献查阅、照片拍摄和行为记录，通过公众喜闻乐见的趣味笔触，以潮间带生物的繁殖策略为切入点，介绍了数十种潮间带生物的繁殖策略和生存故事，对多个物种的行为、习性、繁殖、栖息地、捕食关系和面临的问题都进行了详细的描写，希望在提升公众科普认知的同时，也能引发读者对生物多样性和生态环境保护等层面的思考。本书图片丰富翔实，内容严谨有趣。

　　本书适用于对潮间带生物、生态保护感兴趣的大众读者，及各科研单位、管理部门、科普机构和保育组织。

图书在版编目（CIP）数据

潮汐国度：生命的繁衍密语 / 刘毅，尉鹏著.—北京：机械工业出版社，2023.6
ISBN 978-7-111-73073-6

Ⅰ.①潮…　Ⅱ.①刘…　②尉…　Ⅲ.①潮间带–海洋
生物–普及读物　Ⅳ.①Q718.53–49

中国国家版本馆CIP数据核字（2023）第097105号

机械工业出版社（北京市百万庄大街22号　邮政编码100037）
策划编辑：兰　梅　　　　　责任编辑：兰　梅
责任校对：龚思文　李宣敏　　责任印制：郜　敏
北京瑞禾彩色印刷有限公司印刷
2023年7月第1版第1次印刷
185mm×240mm・13.75印张・236千字
标准书号：ISBN 978-7-111-73073-6
定价：108.00元

电话服务　　　　　　　　　　网络服务
客服电话：010-88361066　　　机　工　官　网：www.cmpbook.com
　　　　　010-88379833　　　机　工　官　博：weibo.com/cmp1952
　　　　　010-68326294　　　金　书　网：www.golden-book.com
封底无防伪标均为盗版　　　机工教育服务网：www.cmpedu.com

前 言

　　春天来了，万物复苏。岸上的柳树抽出了新芽，三角梅展开了嫩叶，木棉花和黄花风铃木铆足了劲盛放满树的鲜花，装点着春的印记。海边同样春意盎然，礁石上、沙滩上、淤泥上，裹满了各种大型藻类，有浅绿色的、翠绿色的、深绿色的、褐色的、棕色的、红色的，好似铺了一张点缀着碎花的富有层次的绿地毯。

　　潮间带的动物自然不会辜负春天的大好时光，各种螃蟹、贝类、海绵、海星、海胆、鱼类争先恐后加入这场春的盛宴。它们当中有许多种类蛰伏了整个冬季蓄积能量，有些还专门从浅海迁移到潮间带，只为寻找同类交配繁殖，实现传宗接代、物种延续的终极使命。

　　为了完成这一生命历程中最重要的时刻，许多生物都用尽了浑身解数，渲染繁殖的浪漫。一些鸟类在繁殖期装饰光鲜亮丽的繁殖羽，用以吸引异性，它们当中还有部分佼佼者，会配上奇特的行为和舞步，增强婚配的仪式感，比如孔雀开屏的浪漫；昆虫界也不乏浪漫主义者，最典型的代表就是萤火虫，它们一生经历了漫长的卵、幼虫、蛹和成虫四个时期，只为了在繁殖期短暂绽放的漫天星光的浪漫；雄螳螂在交配后甘愿将自己的身体作为产卵的营养补充供给雌螳螂享用，看似残忍，但这是它们大快朵颐的浪漫；在繁殖期，雄弹涂鱼会邀请雌弹涂鱼参观它挖的洞穴，从而吸引"准新娘"，这是"直男式"安居的浪漫。在贝类的圈子里，除了一部分移动速度快、表面布满色素细胞的头足类能展现浪漫的繁殖行为外，大部分贝类，尤其是腹足类，受限于较慢的移动速度和已成型的外壳，很难在繁殖期间呈现特殊的求偶行为和特异的婚配外观，它们则绞尽脑汁，在产卵过程中展现浪漫。

　　产卵意味着生生不息。在潮间带的礁石区、沙滩上和淤泥表面，我们都能找到贝类的产卵痕迹，不同物种的产卵方式、卵的形状和配色又有各自的亮点。有一些像盛放的花朵，有一些像团起的米粉，有一些像成熟的葡萄串，加上五颜六色的配色，在漫涨的潮水的浸润下摇曳生姿，成为一道亮丽的风景线。产卵需要耗费生物大量的能量，也关系着种族的未来，绝对不能含糊。从求偶过程、交配形式到产房选址、产卵方式和护卵行为，不同生物有各自的繁殖策略，但最终目的都是提升幼体的孵化率和存活率，保障后代的生存品质。以成员庞大的海蛞蝓家族为例，有些通过柄部或一侧黏附在基质上，防止被海水带走；有些通过弯曲折叠扩大与水体接触的表面积从而获取更多的氧气；有些通过加宽的卵带增强在水流中摆动的频率和幅度，除了获得更多的气体交换机会外，还保持了卵囊群外部的洁净；有些直接将卵囊群产在寄主身上，通过同样的配色让卵囊群完美"隐身"，获得更高的孵化概率，未来孵出来的幼体也可以就近找到寄主；大多数卵囊群都包裹并保护着数量众多的卵，在外形上还呈现不同程度的"聚拢"倾向……各种类型的卵囊群都是长期演化的结果，都有它们存在的意义，这便是海蛞蝓繁殖的智慧。

为了适应复杂的潮间带环境和气候，并非所有的贝类都在春季繁殖，有些可以跨越整个春季和夏季，甚至在秋末还能看到少数种类仍在上演着这亘古不变的繁殖的浪漫。

撰写本书的初衷就是分享潮间带生物的繁殖策略和浪漫故事。最早的定位是一本关于软体动物中头足类和腹足类及其特定时节可见的卵囊群的图鉴，虽然我国已经有一些关于这两大类群的图鉴和科普书籍，但对于它们的卵囊群，没有专门的出版物进行介绍。除了"这种贝类是什么物种？""能不能吃？"以外，"这坨东西（卵囊群）到底是什么？"也是被读者们经常咨询的问题。后来通过需求调研，本书定位转变为以潮间带生物的繁殖策略为切入点，介绍不同类群的生物和它们的精彩故事，包括行为、习性、繁殖、栖息地、捕食关系和面临的问题等，希望在提升科普认知的同时，引发读者对生物多样性和生态环境保护等层面的更多思考。在生物类群选择上，除了原定的头足类和腹足类，还增加了餐桌上常见的双壳类、蟹类、鱼类以及海绵、海参、鲎、文昌鱼等类群，尽可能介绍更多读者关心的和一些不常见的生物类群，还原潮间带生机盎然的场景。

然而，本书定位的更新和篇幅的增加意味着工作量的加大和创作难度的提高，需要长期的经验积累、大量的野外补充调查及室内研究、文献查阅、照片拍摄和行为记录，有些物种的观察和研究甚至需要跨越十几年时间。值得庆幸的是，在本书创作过程中得到了许多老师和朋友的帮助和支持。郭翔、钟丹丹、蒋冰冰、曾阳、高张斌、吴润宏、刘东浩、林大声、郭宝忠、黄宏进、黄云云、江松晟等在野外调查和标本提供上给予了长期支持；张继灵、张旭、张驰、刘勐伶、杨德援、潘昀浩、黄宇、王举昊、关杰耀、吕屹峰等在物种鉴定上给予了大力帮助；郭翔、钟丹丹、黄宇、王举昊、张继灵、万迎朗、洪清漳、潘昀浩、高张斌、吕屹峰、陈洪新、黄宏进、关杰耀、符益健、杜俊义、黄鑫磊、付新华等提供了照片，在此一并致谢！

本书适用于科研单位、管理部门、科普机构及保育组织，同时也是认识潮间带及其生物多样性尤其是潮间带生物繁殖策略的科普窗口。由于作者的水平和经验有限，加之本书覆盖的生物类群很广，书中难免存在不足之处，敬请读者给予批评指正。

刘　毅

2023年1月

目　录

前　言

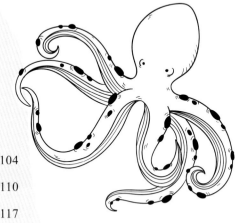

乌贼——
移动的"墨斗"

  在人们的常识里，足应该长在身体的下部，但也有例外，比如软体动物门头足纲的物种。

  在现生物种中，常见的软体动物门（俗称贝类）有五大纲，分别是腹足纲、双壳纲、掘足纲、多板纲和头足纲。除了多板纲是身体具有8片壳外，其他的纲在名称上都跟足有关系。腹足纲就是俗称的螺类，有一个贝壳（有些物种壳退化或完全消失），足很发达，位于腹部；双壳纲也叫斧足纲或瓣鳃纲，有两片壳，足部呈斧头状；掘足纲就是贝壳长得像象牙一样的角贝，它们的足善于掘沙土，因而得名；头足纲顾名思义，它们的足长在头部一侧。其中，腹足纲和头足纲描述的是足的位置，双壳纲的斧足形容的是足的形状，而掘足纲说的是足的功能。在长期演化的过程中，不同贝类为了适应各自的生境，身体构造也发生了变化，其中壳（有无、数量、形状等）和足是较容易通过肉眼观察的部位，此外，足的功能也多种多样。

  在头足纲中，乌贼（Cuttlefishs）与带鱼、大黄鱼、小黄鱼并称为我国著名的四大海产，是海鲜市场和餐桌上常见的一个类群，是乌贼目（Sepiida，包括乌贼科Sepiidae、耳乌贼科Sepiolidae、后耳乌贼科Sepiadariidae）物种的统称。乌贼名称中的"乌"字，与它们

日本无针乌贼的
"葡萄"串卵囊群

体内的墨囊有关。在遇到危险或受到刺激时，乌贼会把墨囊中的黑色墨汁喷射出来，将周围的海水染浑，干扰捕食者的视线，从而获得逃生的机会。那么名字中为何又含有贬义的"贼"字呢？因为它们的墨汁虽然呈黑色，可用于书写，但主要成分是蛋白质和不溶于水的黑色颗粒，经过一段时间后会发生分解并褪色，书写的字迹也会逐渐模糊并最终消失。据说古时候一些骗子在进行借贷等行骗行为时，会使用乌贼墨汁撰写字据，并长期拖欠直至字据上的字迹消失，从而达到赖账的目的，乌贼因而被污名化了。乌贼科的物种外形像木工用的墨斗，且体内有一个大而发达的墨囊，储存了大量的黑色墨汁，是一个移动的"墨斗"，因而又被形象地称为"墨鱼""墨斗鱼"。

　　几年前，我在厦门开展潮间带生物多样性调查时，发现退大潮后低潮区的礁石边挂了几串黑色的"葡萄"。这些"葡萄"表面光滑圆润，很像珍珠奶茶里的珍珠，短径约6~8毫米，顶端有个奶嘴状突起，底部都有根细长的延长线缠绕于柳珊瑚上，每串"葡萄"上约有300~500颗。在周围仔细搜索后，我发现了"葡萄"的主人，原来这些是日本无针乌贼（*Sepiella japonica*）产的卵囊群。与日本无针乌贼的黑"葡萄"不同，它的远房亲戚虎斑乌贼（*Sepia pharaonis*）产的卵囊呈奶油色，个头稍大些，短径约10~12毫米，每串通常挂着100~200颗奶油色"葡萄"。

虎斑乌贼的"葡萄"串卵囊群呈奶油色

日本无针乌贼将一颗颗卵囊缠绕在柳珊瑚上

乌贼是雌雄异体，繁殖期雄性会寻找合适的雌性进行交配。交配时它们头对头呈一条直线，雄性通过特化的足（生殖腕，也叫茎化腕）将精荚传递到雌性口膜腹面呈凹陷状的"纳精囊"中，雌性的卵分批成熟，分批产出，并在口膜附近完成受精。雌性乌贼在受精后不久即产卵。它们的卵一个个产出，包裹在膜状卵囊的保护中，在缠卵腺分泌的腺液的帮助下，成簇缠绕于柳珊瑚、大型海藻等附着物上，形成了"葡萄"串。在扎结"葡萄"的过程中，雌雄乌贼都会向卵囊上喷水进行清洁，看来乌贼也是有洁癖的。

产卵后，乌贼通常只在"葡萄"串周围短暂停留，或者直接离开。有了柳珊瑚、大型海藻等附着物作为支撑，"葡萄"串在海水中会随着水流摆动，从而获取胚胎发育所需的氧气供应，而发育期间的营养则由卵黄供应，加上外面的卵囊膜和胶状的三级卵膜保护，乌贼卵的孵化率很高，可达到70%~80%以上。当小乌贼发育完全后，卵囊顶部的奶嘴状突起像吹气球一样变大变透明，吹弹可破，小乌贼就移到顶

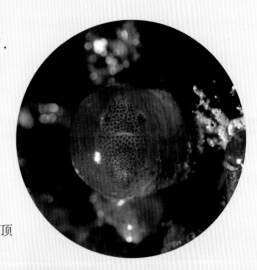

即将破膜的日本无针乌贼

刚孵化的日本无针乌贼

部。此时，若用灯光照射，它们会随着灯光方向的变化而转动身体，表现出明显的趋光性。不久，一只只小乌贼便破膜而出，开始了它们的新生。

在厦门的潮间带，还能看到耳乌贼科柏氏四盘耳乌贼（*Euprymna berryi*）的卵囊群。柏氏四盘耳乌贼体表布满了紫褐色镶金边的色素斑块，它们产的卵囊群像是由一根根短的佛肚竹节堆叠而成的立体网状结构，呈黄白色至黄褐色，附着在贝壳、石头、渔网甚至海鞘等其他生物上。当幼体发育成熟时，卵黄被消耗殆尽，卵囊膜内的胶状物质变得澄清透彻，通过卵囊膜就可以清晰地看见里面活跃的幼体，它们都在迫不及待地迎接充满未知的挑战。

虽然同属于乌贼目，但乌贼科和耳乌贼科的物种有很大的区别。以乌贼科的金乌贼（*Sepia esculenta*）和耳乌贼科的柏氏四盘耳乌贼为例。金乌贼个体多为较大型，而柏氏四盘耳乌贼则偏小型；金乌贼的鳍周生，像在身体边缘围了一圈裙边，而柏氏四盘耳乌贼的鳍较小，位于身体近后端，为一对对称的近圆形鳍；金乌贼体内具有石灰质多孔洞的内骨骼，俗称海螵蛸，而柏氏四盘耳乌贼仅具有角质内壳。

石灰质的海螵蛸是乌贼科物种长期演化的结果，由外壳变成了内壳，多孔的结构可以帮助它们在海水中悬浮，通常它们依靠裙边般的周鳍的波动来实现较缓慢的移动，但遇到危险或者强水流时，它们会将腕足收起，并缩紧外套膜腔口，再将腔内的水由喷水管喷出，依靠瞬时的反作用力快速移动。此外，乌贼科物种还具有非常发达且复杂的神

附着在不同物体上的柏氏四盘耳乌贼卵囊群，从上至下分别为渔网上、海鞘上、牡蛎壳中、石头上

经系统，它们通过眼睛实时接收外界的视觉信息，再
经过神经系统的加工和肌肉系统的配合，实现对全
身皮肤中上百万个色素细胞的控制，并迅速改变
身体的颜色和斑纹，从而模拟环境达到"隐身"
的目的。

柏氏四盘耳乌贼

乌贼科物种浑身是宝。它们的肉可直接食
用，或制作成"花枝丸""墨鱼干"等加工食品。
浯屿位于福建省漳州市龙海区港尾镇，临近厦门市，
面积仅0.96平方千米。因所处地理位置特殊，早在宋元时
期，浯屿便是战守要地，也成为东南沿海的一个重要港口。
渔业是浯屿的重要支柱产业，拥有大大小小400多艘渔船，包括许多200~300吨的大船，捕
捞到的大部分"本港海鲜"供给厦门的餐桌。在捕捞季节，渔民们为了节约成本和获取更
多的渔获量，通常一出海便是两三个月，期间靠往来的补给船和收购船进行生活物资补给
和渔获交易，除非遇到风暴潮，否则不会提前返航。渔获物通常分类捡拾和存放，经济渔
获装筐进船舱冷藏，名贵鱼虾放活舱暂养，而金乌贼（墨鱼）等乌贼则在船上就地处理，
摆在船舱顶棚或甲板上晾晒，返程时往往就能够积攒很多墨鱼干。闽南人钟情于这种船晒
墨鱼干，在炖汤里加入一些剪成块状的墨鱼干，汤味变得浑厚，且更加滋补。因而，产妇
在坐月子期间所喝的滋补汤品里一定会加入墨鱼干。此外，墨囊和生殖器官都具有食用价
值，其中雌性的缠卵腺俗称"墨鱼蛋"，雄性的精巢俗称"卵白"，而外形像鞋垫的海螵
蛸则具有一定的药用价值。

正在孵化的柏氏四盘耳乌贼

章鱼——
"生存术"大师

在头足类的大家族里，最为人所熟知的就是章鱼（也叫八爪鱼）。它们拥有令人印象深刻的圆溜溜的身体和八条腕足，还是市场和餐桌上常见的海鲜。

福建霞浦的滩涂广袤，盛产一种名叫长蛸（*Octopus variabilis*）的章鱼，渔民们骑着特制的泥马，在松软的滩涂上穿行，寻找章鱼的痕迹，往往一个潮水就能挖到十来只，回家吃上一盘热腾腾的葱油章鱼，就能消除一天的疲劳。不同的生境，生活着不同种类的章鱼。章鱼是蛸科海洋软体动物的统称，除了长蛸，常见的还有短蛸（*Amphioctopus fangsiao*）、砂蛸（*Amphioctopus aegina*）、中华蛸（*Octopus sinensis*）和拟豹纹蛸（*Hapalochlaena cf. maculosa*）等。

长蛸　张继灵供图

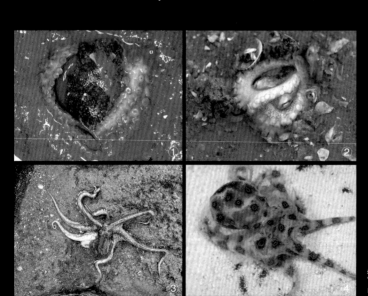

短蛸（①）、砂蛸（②）、
中华蛸（③）、拟豹纹蛸（④）

别看章鱼长得呆头呆脑，它们可是海洋里的高智商生物，最著名的明星当属章鱼保罗。科学研究表明，人类大脑中约有 1000 亿个神经元，而章鱼也拥有约 5 亿个神经元，分布在它的头部和身体各处。

此外，章鱼也是"生存术"大师。为了适应危机四伏的生存环境，章鱼练就了一身本领。

本领一：变色术

章鱼身体表面分布着大量的色素细胞，它们可以通过感官和神经元接受周围的环境信息，分析、调整色素细胞的分布和显色，从而改变自己的体色，迅速地与环境融为一体以达到"隐身"的目的。当它们爬到沙滩上，身体的颜色就变成沙滩的浅色；当它们移动到淤泥质滩涂上，身体的颜色又迅速变成滩涂的黑色。体色的切换时间非常短暂，可以大大减少被天敌发现的可能性。

"沙滩色"的短蛸

本领二：组合拳术

章鱼拥有8条腕足、布满腕足的吸盘及尖锐的角质颚，这是它们的"组合拳"。通过这个"组合拳"的攻击，章鱼可以高效地捕捉螃蟹等食物，使用腕足的魔鬼式缠绕将凶猛的螃蟹控制得服服帖帖，并用强有力的吸盘吸附在螃蟹的头胸甲和身体其他部位，从而打开螃蟹的"铠甲"，再利用尖锐的角质颚啃咬取食。当然，它们也欺软怕硬。如果遇到个头比它们大好几倍的螃蟹时，角色就互换了，它们便可能成为螃蟹的盘中餐。好在它们的"组合拳"不仅仅在捕食中适用，在逃生时同样适用。通过"组合拳"，章鱼可以与强大的敌人纠缠一段时间，并伺机逃走。

本领三：断腕求生术

当敌人太强大，章鱼的"组合拳"失效时，它们最突出的部分腕足可能会被蟹钳死死夹住，无法挣脱。此时章鱼会毫不犹豫地放弃被夹住的腕足，选择断腕求生，保命要紧。好在它们有8条腕足，断了两三条对于日常的行动和捕食并没有特别大的影响，而且它们的腕足再生能力很强，过不了多久，断掉的腕足又会重新长出来。

本领四：缩骨术

章鱼虽是贝类（软体动物门）大家族的成员，但是它们的贝壳已完全退化消失，身体柔软，最硬的部分便是口中的角质颚。它们练就了神秘的"缩骨术"，伸缩自如，理论上可以钻进任何比其角质颚直径更大的孔洞。利用这个本领，章鱼喜欢钻进开口孔径很小的容器里或缝隙很小的石缝中栖息，从而躲避那些身躯庞大的敌人的攻击。

本领五：初级伪装术

有些章鱼，比如砂蛸，会利用腕足上的吸盘粘附周围的小石子或碎贝壳，并蜷缩成一坨，将自己伪装成小石子堆或碎贝壳堆。当它们伪装好安静地趴着，与周围的小石子堆或碎贝壳堆并无差别，如果不认真观察，很难发现它们的存在。

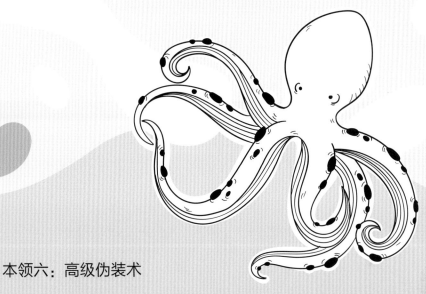

本领六：高级伪装术

有些章鱼，如短蛸或砂蛸，拥有更高级的伪装术，它们会寻找容积适宜的贝壳钻进去，从而弥补自己因贝壳完全消失而失去坚硬外壳保护的遗憾。如果遇到的是双壳贝类的一对壳，它们就钻进去利用腕足上的吸盘将两片壳吸附、对齐，并完美合上，伪装成一只双壳贝类；如果遇到的是海螺壳，它们就会钻进去牢牢粘住海螺壳的内壁，伪装成一只海螺，有时还会背着自己的海螺房子移动。一种名为条纹蛸的章鱼更钟爱椰子壳，它们若在海底遇到开了口甚至分成两瓣但相对完整的椰子壳，会如获至宝，迅速钻到椰子壳内，同样利用腕足和吸盘的配合将椰子壳吸住并合上，将自己伪装成椰子，得到一个坚硬的、攻不可破的安全屋。为了能长期使用来之不易的椰子壳，它们甚至会用6条腕足夹着椰子壳，然后用剩下的2条腕足移动，将椰子壳随身携带。

本领七：喷墨逃跑术

当前六个本领都失效时，章鱼还有个终极本领——喷墨逃跑。章鱼深谙《孙子兵法》的精髓，"三十六计走为上计"，打不过、惹不起就逃跑。章鱼体内还藏着一个叫作墨囊的秘密武器，当它们遇到危险时，会将墨囊中的黑色墨汁喷出，从而将周围的环境和水体染浑，干扰敌人的视线，并趁机逃跑。

然而，在人类面前，章鱼的这些本领却不值一提，渔民们有各种各样的办法捕获章鱼。

各地渔民对于不同章鱼的习性了如指掌，比如章鱼什么季节最多、最喜欢躲在什么样的环境中、什么时间出来活动等等。掌握了章鱼的习性，遇到它们的概率就大多了，有时渔民徒手或借助简单的工具翻石头、挖泥沙就能收获不少章鱼。

章鱼是肉食性动物，腥臭味越重，它们越没有抵抗力。福建多地渔民利用章鱼的这个特点，将腥臭味不可描述的臭鱼烂虾装进塑料诱饵盒里，挂进扁圆筒形的网具中，再沉入海底，隔天去起网，总能有不少收获。

渔民将臭鱼烂虾装进诱饵盒里，挂进扁圆筒形的网具中，并将其沉入海底。

利用章鱼喜欢钻进狭窄空间里躲藏的特点，各地渔民定制了不同的"杯具"。这些"杯具"真的是章鱼的悲剧，只要将一长串"杯具"用绳子串起来，无须加任何的诱饵，放到海里一两个潮水周期，就会有不少章鱼傻傻地住进去。广西钦州渔民定制的陶瓷"杯具"，最像杯子，有的像茶杯，有的则像酒杯。到了福建厦门，讲究些的渔民会将"杯具"制成瓦缸造型，大部分是陶土质地的，也有些是塑料质地的；而不太讲究的渔民，通常就地取材，收集各种体积相当的豆腐乳、辣椒酱等玻璃罐，挂成一串串玻璃"杯具"；如果找不到那么多玻璃罐，渔民也会用直径合适的聚氯乙烯塑料（PVC）管锯成长10厘米左右的小段进行DIY，稍微认真点的还会在每段小管的一端加个底，有些渔民甚至连底都懒得粘，直接把小管串成一串扔下去。在黄

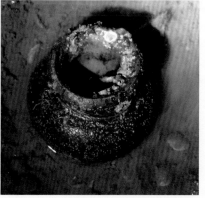

不同质地、形态的"杯具"：广西钦州陶瓷质茶杯状、酒杯状"杯具"（上两图）、福建厦门的塑料质瓦缸型、陶质瓦缸型"杯具"（下两图）

海、渤海沿岸，渔民给章鱼准备的"杯具"是产量丰富的脉红螺的壳，他们将脉红螺壳钻洞后串起来，作为短蛸的诱捕器。

除了喜欢藏在"杯具"里，有些章鱼还喜欢躲进大小合适的双壳类贝壳里。渔民深谙章鱼的喜好，也利用贝壳来进行诱捕。福建厦门的渔民早期使用的是较大型的文蛤壳，他们在成对的文蛤壳壳顶上钻洞，用绳子挂成一串放进海里，从而诱捕喜欢贝壳的章鱼。当文蛤壳串被打捞上来时，如果发现有紧闭不开的文蛤壳，里面一定住着一只章鱼。后来大文蛤壳越来越难找了，渔民们就按照大文蛤壳的形状和规格定制塑料材质的"仿贝壳"，进行诱捕。到了广东汕头，仿贝壳的制作工艺更精湛，用料也更扎实。当地渔民将仿贝壳制作得非常厚实，在每片贝壳外侧加注水泥增重，并在贝壳的下缘留出两个凹洞。这些看似不起眼的改进，其实蕴含了很多科学道理。比如厚实的壳加上水泥的增重，有助于诱捕

福建厦门，一艘放满塑料仿贝壳的渔船

器沉入海底且不易被海流带跑，若有章鱼躲进去，贝壳下缘留出的两个凹洞有利于章鱼将腕足从凹洞伸出，可以使劲将两片壳关得严丝合缝，而仿贝壳更大的自重以及外部水泥块的加持，让躲在里面的章鱼更有安全感，在回收时也不容易发生逃逸。

章鱼真是验证了那句古话："聪明反被聪明误"。

短蛸是我国北方沿岸蛸类中最重要的经济种，也是黄海、渤海蛸类中产量最大的种类。每年初春桃花开放时，短蛸从较深水处集群向沿岸移动，在沙质底的潮间带和潮下带寻找配偶进行交配，因而短蛸也被称为"桃花蛸"。

章鱼的繁殖行为包括追偶、交配、产卵、护卵等。交配时，雄性章鱼通过茎化腕传递精荚，交配后不久，雌性章鱼就产卵了，受精过程在输卵管中完成。卵分批成熟，并分批从漏斗中产出，各个卵囊由细长的卵柄相互缠绕在一起，形成穗状。

不同章鱼选择产卵的地方有别，卵的形状、大小和数量也不同。短蛸喜欢将卵产在空贝壳、石缝或海底凹陷等较阴暗处。它们的卵囊很像煮熟的大米饭粒，因而得名"饭蛸"。雌性短蛸的怀卵量约800~1200枚，最多可达6000枚，卵囊的长径6.30~7.48毫米，孵

外侧加注水泥增重的升级版仿贝壳

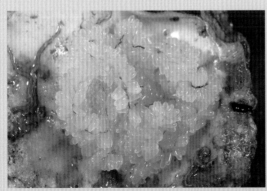

短蛸将卵囊群产在双壳类的空壳中

孵化中的短蛸卵囊群

化期约40~45日。长蛸喜欢穴居，因而它们也选择将卵产在洞穴内。雌性长蛸的怀卵量较短蛸少，通常约140~160枚，但卵囊较短蛸的更大更长，长蛸的卵囊呈长茄形，长径约21.1~22.1毫米。

大部分章鱼具有明显的护卵行为。产完卵后，雌性短蛸常以腕足轻抚卵囊，并用漏斗喷水以清除卵膜上的附着物，护卵过程中，它们不摄食。就连身藏可怕剧毒的拟豹纹蛸在产卵后也具有明显的护卵行为，雌性拟豹纹蛸利用腕足和吸盘将一大串卵紧紧保护在自己的身体下，走到哪带到哪，可见母爱的伟大。

孵化中的拟豹纹蛸卵囊群（下）；拟豹纹蛸有明显的护卵行为，将卵囊群紧紧抱在腕足下（上）

章鱼的寿命通常只有一年左右，它们一生只繁殖一次。交配后不久，雄性章鱼便结束了自己的生命，而雌性章鱼通常会比雄性活得更久些，因为它们在产卵后，还有很重要的护卵工作要完成。当新生命即将诞生或陆续破膜时，章鱼妈妈也走到了生命的尽头。新生的章鱼宝宝接过种族繁衍的接力棒，继续书写章鱼的故事。

长蛸的卵囊群

鱿鱼——
种出一片"菊花田"

福建漳州东山岛的"小管"远近闻名。每年的5月到12月，是东山岛捕捞"小管"的季节。夜幕降临，几十艘快艇开到海面上，亮起大灯，进行灯诱"小管"作业，海面顿时变成了白昼。许多鱼类及头足类都具有趋光性，渔民们利用这一特性，在暗夜里亮起大灯，"小管"便会纷纷游向光源，此时只需要用网捞即可。新鲜的"小管"直接白灼，无需任何调料，肉质鲜甜，口感弹牙，咬爆的墨汁带来更多元的味觉体验。

东山岛的"小管"主要种类是杜氏枪乌贼和中国枪乌贼，都是相对小型的鱿鱼。鱿鱼是头足纲枪形目开眼亚目软体动物的统称，但在潮间带能发现的种类大多隶属于枪乌贼科（Loliginidae）。鱿鱼、乌贼和章鱼是市场上最常见的头足类"三大巨头"，也是普通大众最容易接触到的头足类三大类群。但这三者常常被人们所混淆。

章鱼、鱿鱼、乌贼，傻傻分不清楚？

首先，从外形上区分。章鱼具有8条腕足，身体呈圆形或椭圆形，除口中硬的角质颚外全身柔软，贝壳完全退化消失，无"内骨骼"，可以理解为"没骨头"；乌贼具有10条腕足，其中2条腕足特别长，外形扁平宽大，像一把铲子，贝壳退化并演化为船形的石灰质内骨骼，即具有"硬骨头"；鱿鱼与乌贼一样，具有10条腕足，其中2条腕足特别长，但鱿鱼的身形较乌贼更苗条，十分狭长，呈长锥形，贝壳同样已退化，仅在体内残存一根细长且较柔软的膜状内骨骼，因而只具有"软骨头"。

其次，从名称上区分。由于物种分布的差异，语言环境的不同，加上渔业文化等的影响，全国各地对于常见头足类物种的俗称可谓五花八门，甚至同一个物种在不同地方都有不同的俗称。如果提到八爪鱼，那肯定指的是章鱼，因为常见的头足类三大类群里只有章鱼是8条腕足，此外，俗名中带"章"或"蛸"字的都属于章鱼，比如长腿蛸、短腿蛸、马蛸、饭蛸、短爪章、章拒、母猪章等；俗名中若带有"乌""墨"或"花"字，通常指的是乌贼，比如冬乌、尤乌、乌子、乌鱼、墨鱼、针墨鱼、墨贼、墨母、墨公、眼墨、花斑墨、双耳墨、花旗、花西、花枝等；俗名中如果带有"鱿""管""枪""软"或"透"字，通常可以判断为鱿鱼，比如鱿鱼母、本港鱿鱼、拖鱿鱼、长筒鱿、笔管、小管、锁管、锁管仔、剑端锁管、台湾锁管、软墨、软丝、透抽等。

过去20年，我的主要研究和保育对象是红树林生态系统及其生物多样性。最近5年，我开始关注除红树林以外的其他滨海湿地生态系统，并进行系统的生物多样性调查。退潮后的潮间带，只要仔细观察，就有机会发现鱿鱼的卵囊群。

在马来西亚雪兰莪胡须港的潮间带，我发现低潮区有一些透明的果冻状物体，摊平了呈扇形或云朵状，里面布满了一颗颗小圆点。原来，这些是中国枪乌贼的卵囊群。中国枪

中国枪乌贼卵囊群

乌贼的寿命通常约一年，它们必须在一年内性成熟，尽快繁衍后代。在交配时，所有的枪乌贼科物种都与乌贼一样，雄雌个体头对头进行交配，雄性枪乌贼以茎化腕传递精荚，而雌性枪乌贼的口膜腹面有一个特殊的凹陷，称为"纳精囊"，卵子就在雌性的口膜附近完成受精。雌性中国枪乌贼在交配后一个月左右产卵，卵子分批成熟，分批产出，产卵期延续较长，通常有两个产卵高峰期，而在产卵期仍有交配行为。它们的卵囊群通常由20多根棒状近透明的胶质卵鞘组成，卵鞘长20~25厘米，每根卵鞘内包裹160~200颗长径约6~7毫米的卵，这些卵略呈卵圆形，外层包被着白色胶膜。完成繁殖使命后，它们就相继死去。

火枪乌贼卵囊群

在福建厦门的潮间带低潮区，我发现了另一种类似的卵囊群，有些造型像菊花，有些又像猪脑。原来这些是火枪乌贼的卵囊群，呈浅黄色或黄色半透明果冻状，较中国枪乌贼的卵囊群小很多，卵鞘长仅3~5厘米，每根卵鞘中包裹20~40枚卵圆形的卵。

有一次退大潮，我抓住机会前往平时退潮无法露出来的低潮线附近区域探索。当我深一脚浅一脚地蹚着海水朝目的地挪动时，远远便看到海中露出的一块大礁石侧面挂着一大串乳白色的物体，随着海浪的拍打在海水表面不停地舞动。我迅速在脑海里搜索线索，并未找到答案，此时我的多巴胺已爆棚，几乎飞一般跑过去想一睹真容。原来是一大坨挂在礁石侧面马尾藻上的卵囊群，比我的手掌大多了。这是莱氏拟乌贼干的，它们的卵囊群呈乳白色半透明果冻状，由许多长62~84厘米的条状卵鞘组成，所有卵鞘的柄部缠绕在一起，并结在马尾藻上。每根卵鞘里包裹的卵子数量很少，仅有2~9枚，但卵的个头较大，呈椭圆形，长径5.5~6.0毫米，肉眼明显可见。

莱氏拟乌贼的生命周期约为2.5年。它们春季进行向岸性的生殖性洄游，秋末冬初进行离岸性越冬洄游。它们通常寻找水深2~10米且海藻丛生或小卵石、碎贝壳较多的区域作为繁殖场。在广东深圳的大鹏地区，莱氏拟乌贼在夏季如约而至。每年6月，大鹏下沙的渔民会将提前收集好的木麻黄枝条、竹子或芒草等沉到合适的区域，营造莱氏拟乌贼喜欢的繁殖环境，吸引它们来产卵。这种方式充分体现了民间智慧，渔民们不仅可以轻易捕获更多的莱氏拟乌贼，也为它们提供了优良的产卵场，让种群得以繁衍生息，从而达到可持续利用的目的。

产在礁石上的莱氏拟乌贼卵囊群

莱氏拟乌贼　黄宇供图

莱氏拟乌贼卵囊群

莱氏拟乌贼卵囊群的细节（左）；人工营造的莱氏拟乌贼产卵场硕果累累（右　黄宇供图）

　　随着潮水漫涨，产卵后的鱿鱼已经离去或陆续死亡，留下一朵朵盛放的菊花状卵囊群矗立在海水中，随波摇曳。这是鱿鱼辛苦种出的一片"菊花田"，花艳无香胜有香，代表着希望和未来。

耳螺——
连接海陆贝类的纽带

　　过去二十年我游走于世界各地的红树林区，主要研究红树林的软体动物。在所有的红树林软体动物中，我最感兴趣的是耳螺（Ellobiid）。

　　耳螺是腹足纲有肺目耳螺科（Ellobiidae）软体动物的统称，是一类特殊的原始有肺类软体动物，主要分布于海陆过渡区的高潮带和潮上带，其中红树林生态系统是其重要的分布区域。由于耳螺已演化出了肺，也有了一些陆生环境的适应性，有些人将耳螺划入陆生蜗牛，我认为这并不正确。因为传统意义上的陆生蜗牛有一个共同的特点，就是对盐度的耐受力差，但其实大多数耳螺嗜盐，分布于潮间带，而完全生活在内陆的耳螺种类只占耳螺大家族的10%左右，均为Carychiinae亚科的种类，因此，若要找一个跟陆生蜗牛一样的大类群俗名的话，耳螺应归属于海螺。

　　陆生软体动物起源于海洋，这在古生物学的研究和大量的化石证据下已经得以论证。作为分布于海陆过渡带的类群，耳螺在陆生软体动物的起源中具有举足轻重的地位。软体

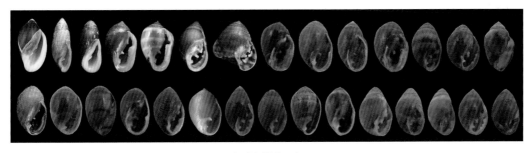

各式各样的耳螺

动物从海洋向陆地变迁的过程中必须先解决呼吸的问题。海洋软体动物以鳃（包括外套膜上密布的纤毛）呼吸；陆生有肺类软体动物以肺呼吸，并且对干燥环境有一定的耐受力；耳螺介于两者之间，以肺呼吸，但对干燥环境没有耐受力，若环境过于干燥，耳螺会相应地做出运动响应，尽快寻找适宜的潮湿环境。

耳螺，顾名思义外形长得像耳朵，尤其是壳口的位置。大多数种类的壳质厚，壳口狭窄，没有厣（口盖），食物来源主要为微型藻类、植物碎屑和腐殖质。全世界已知的约240种耳螺中，至少有一半以上的种类在红树林区被记录，而其中耳螺属（Ellobium）的种类，仅分布于红树林区。这些专一性生长于红树林区的耳螺属种类，可以作为当地历史上曾有红树林分布的重要证据。日本学者于2007年报道了日本东北部一个耳螺属化石的新记录种，成为中新世初期当地有红树林分布的新证据。

作为一个考古学爱好者，从小我就有一个成为考古学家的梦想，享受发现和挖掘古董的喜悦。我现在也确实在挖土，只可惜，是在潮间带里挖淤泥，种红树植物洗底栖动物。为了弥补这种遗憾，空闲时我就会看看考古纪录片，想象自己身临其境的感觉。

几年前的一天，我瘫在沙发上看中央电视台科教频道《大家》栏目播出的《南越王墓发掘记》。作为近代中国五大考古新发现之一，西汉南越王赵眜王陵的发掘看点十足，各种精美的青铜器、玉器、印章等应接不暇，令人不可思议的是，居然还有煎炉和烤炉。原来，烧烤在西汉就已经有了，显然南越王是一个懂得享受的老饕。当画面闪过一个出土的破损的沟纹笋光螺（Terebralia sulcata）时，我的思维就定格了，后面的纪录片讲得什么几乎都没再看。沟纹笋光螺虽然不是耳螺，但也是比较专一性分布于红树林区的贝类，如果能找到南越王墓里出土的耳螺属物种的线索，我想，这可能会是一个广州周边历史上分布有大面积红树林的重要依据！

近些年我与广州本土NGO陆续开展了一些关注广州红树林资源和保育的工作，因此，也在查询相关的文献资料，希望能了解广州历史上红树林的资源和分布状况。然而，相关的文献资料寥寥无几。一些结合海洋地质学和孢粉学的研究揭示了珠江三角洲（其中包括广州番禺等地）早期有较丰富的红树林资源；1956年科学出版社出版的《广州植物志》有秋茄、老鼠簕等红树植物的记录；1991年海洋出版社出版的《珠江三角洲一万年来的环境演变》有红树林腐木的记录。除了化石、腐木、花粉的证据外，此前《南越王墓发掘记》纪录片里的出土贝类线索一直让我夜不能寐。

沟纹笋光螺

南越王博物馆出土的米氏耳螺

于是，我专程去了趟南越王博物馆寻找答案，终于在偌大的展厅和丰富的馆藏里找到了南越王墓里出土的大型耳螺属种类——米氏耳螺（*Ellobium aurismidae*）。米氏耳螺是现生的耳螺属里最大型的物种，它们专一性分布于红树林高潮带滩涂，主要在红树植物基部、气生根及凋落物上活动。因此，它与红树林的分布关系专一，可以作为铁证。试想，在两千年前的西汉，交通并不发达，类似米氏耳螺这样的海鲜或河鲜，最大的问题就是如何保鲜，因此，它们必然是就近在珠江口红树林区被采集的。

谜底揭开了。南越王墓出土的米氏耳螺证明广州历史上（至少可追溯到西汉）曾有大面积红树林分布。另一个有趣的发现是西汉时期米氏耳螺已被食用，而在广东江门台山等地，至今仍有渔民采集米氏耳螺在市场上售卖供食用。

耳螺在红树林生态系统中具有重要的作用，尤其是一些广布种比如伶鼬冠耳螺（*Cassidula mustelina*），它们作为分解者促进物质的分解和循环。此外，还有些特殊的作用，例如耳螺与广受喜爱的某些萤火虫有关联。

米氏耳螺

伶鼬冠耳螺

萤火虫成虫在夜里发光是其生命最闪耀的时刻，也是生命的最后时光，通常持续7～10天，成虫在完成交尾、产卵后便死亡。而萤火虫一生中最长的时段是幼虫期，有些种类的幼虫期甚至长达10个月，这么长的幼虫期，吃是最大的问题。陆地上的萤火虫幼虫主要吃蜗牛，淡水里的萤火虫幼虫主要吃田螺，而红树林里的萤火虫幼虫主要吃耳螺和拟沼螺。

海南的红树林区拥有丰富的耳螺资源，也是我重要的研究区域。有一年春季我到海南文昌的红树林区做软体动物调查，这里有常见的广布种如伶鼬冠耳螺、核冠耳螺（*Cassidula nucleus*）、中国耳螺（*Ellobium chinense*）、三角女教士螺（*Pythia trigona*）等，也有罕见的窄布种如索冠耳螺

萤火虫幼虫吃耳螺　付新华供图

（*Cassidula sowerbyana*）、绞孔冠耳螺（*Cassidula plecotrematoides*）、粗毛冠耳螺（*Cassidula schmackeriana*）等。当我走到固定的调查区域时，被眼前的场景惊呆了！大量的壳上装饰浅色条带的伶鼬冠耳螺正在红树植物树干或呼吸根的基部边爬边产卵，有趣的是它们几乎都是绕着一个圆心画圈圈。虽是低等的软体动物，但它们似乎都携带了"圆规"，有着独特的结构智慧，圈圈画得很规整。而这些圈圈是它们的卵囊群，包含着成千上万的卵。

这让我想起几年前有一个网络流行语："画个圈圈诅咒你"，发明这句流行语的人大概是从伶鼬冠耳螺画圈圈产卵的过程中获得的灵感吧。

红树植物上的伶鼬冠耳螺

正在画圈圈产卵的伶鼬冠耳螺

几乎所有的耳螺对环境变迁和人为干扰都十分敏感，因此可作为环境评估的重要指示物种。由于过度的人为干扰和开发，包括红树林在内的滨海湿地生境正在破碎化、恶化，甚至消失，许多耳螺的种群数量也因此大幅减少，一些窄布种已经濒临灭绝。难以想象，如果红树林区的耳螺灭绝了，以耳螺为主要食物的红树林区萤火虫幼虫也很可能会消失。到那个时候，我们再也无法划着船在潮沟里欣赏两岸红树林中数以万计的萤火虫组成的璀璨的"圣诞树"，而伴随着萤火虫一同失去的是记忆中的童年。

骨螺——
贝类中的"变形金刚"

骨螺科（Muricidae）是海洋腹足类中的一个大科，种类繁多，形态各异。据统计，目前骨螺科家族拥有1600多个现生种和1200个化石种。除了一部分出现在餐桌上具有较大经济价值的种类外，许多骨螺科物种由于造型奇特、千姿百态、花纹各异，壳表拥有漂亮的雕刻、突出的肿肋或结节、夸张的长棘、张扬的薄翼，像"变形金刚"，因此也具有很高的收藏和观赏

正在产卵的红螺

交配中的浅缝骨螺

价值。比如维纳斯骨螺，就是广为收藏的贝类，它的表面具有许多细长的棘刺，交错排列呈鱼骨状，很像梳子，据说古希腊维纳斯女神喜欢用它来梳理秀发，因而得名。由于棘刺细长，但易被折断，完美的标本非常难得，因此贝类收藏者若拥有一颗又大又完美的维纳斯骨螺，会如获珍宝。此外，许多骨螺科物种因产量稀少、采集困难，被视为贝类收藏中的珍品，比如艳红翼螺、巴氏褶骨螺、兰花棘螺、肩棘螺等。

从寒带到热带，从潮间带到深海，都有骨螺科的踪迹。为了适应复杂多元的栖息环境，骨螺科物种在长期演化的过程中，发展出了形态多样的造型和错综复杂的雕刻以及扩张的棘刺、皱褶等修饰结构。事物存在即合理。这些复杂夸张的结构，并不是个性张扬的体现，也不是无用的点缀，其实都有各自的功用。许多骨螺装饰了各种各样、长短不一的棘刺或皱褶，让捕食者"难以下咽"，从而获得更多的生存机会；有些骨螺的体螺层上具有3个片状纵肿肋，其中2个刚好与壳口面形成一个更大的平面，这样有利于在发生意外从附着物上掉落时，增加壳口面朝下的概率，保护好"大门"；有些骨螺依靠外唇上又长又锋利的棘刺作为撬棍卡入贻贝等双壳贝类的两壳之间，然后向贝壳内注入一种液体，麻醉猎物的肌肉并使其松弛，再大快朵颐。

亚洲棘螺用棘刺作为撬棍卡入新加坡掌扇贝的两壳内，正在大快朵颐

骨螺科贝类是雌雄异体，它们在产卵的过程中也各显神通，绝不凑合。交配后的雌螺会为后代寻找一个安全的庇护所，比如大部分生活在潮间带的骨螺喜欢在礁石侧面或砾石下有空隙的区域产卵，因为这些地方相对安全，且避免被烈日直晒，潮水可浸淹保持湿润；少数一些种类，如浅缝骨螺，喜欢在淤泥里的死亡的贝壳或小石子上产卵；也有个别粗放型的母亲，把卵直接产在其他腹足类活体的外壳上，但其实这是别有用心，因为这些受精卵拥有了一个可移动且更安全的孵化器，相较于固定的岩石等基底，以腹足类活体作为卵囊群附着的基础，可以做到更好地隐蔽和保护，此外，腹足类活体的移动又促进了水体流动和交换，带来充足的氧气并带走受精卵发育过程中产生的代谢物，有助于受精卵更好地发育。

骨螺科的卵囊造型各异。荔枝螺属（*Reishia*）和印度荔枝螺属（*Indothais*）的卵囊整体呈大米状，但不同种类又有差异；红螺属（*Rapana*）的卵囊末端扁平，像一根鞋拔子，比如红螺（*Rapana bezoar*）；棘螺属（*Chicoreus*）的卵囊外形很像小号的玉米粒，不同种的卵囊在个体大小上也略有不同，比如亚洲棘螺（*Chicoreus asianus*）和红树棘螺（*Chicoreus capucinus*）；骨螺属（*Murex*）的卵囊更有意思，许多卵囊组成一个去掉了玉米粒的玉米棒子，比如浅缝骨螺（*Murex trapa*），如果粘满棘螺属的卵囊，就成了一根完

像煎蛋的纹狸螺卵囊群

像甜甜圈的爱尔螺卵囊群

像鞋拔子的红螺卵囊群

像玉米棒子的浅缝骨螺卵囊群

像玉米粒的亚洲棘螺卵囊群

整的"玉米";狸螺属（*Lataxiena*）的卵囊像一个个摊在平底锅上的迷你煎蛋，比如纹狸螺（*Lataxiena fimbriata*）；而爱尔螺属（*Ergalatax*）的卵囊则像甜品店盘子里摆放的装饰了圆形浅褐色巧克力豆的迷你版透明甜甜圈，比如爱尔螺（*Ergalatax contracta*）。大量的各种形状且不同成熟期的卵囊组成了花簇、玉米棒子、松塔、甜甜圈或油画，成为骨螺们繁殖的浪漫。

　　骨螺的产卵量大，周期长，有时长达1个月，在野外即便是运气好遇到正在产卵的骨螺，要认真观察完整的产卵周期并不现实，因而室内的模拟潮汐缸暂养和观察成为一个替代的研究方案。通过模拟潮汐缸观察，我发现纹狸螺的产卵周期约为32天，共产卵囊96枚，分为四轮进行。其中第一轮花了2天时间，自下而上开始产卵，平均3~4枚卵囊一行，一直到高潮线附近，共产卵囊21枚，随后休息了5天；第二轮花了6天时间陆陆续续又产卵囊42枚，随后又休息了2天；第三轮只产下1枚卵囊，休息了15天；第四轮花了2天时间又产下32枚卵囊。每一个卵囊从选好位置开始到最后呈现成品至少需要30分钟。纹狸螺的卵囊像煎蛋或柿饼，正面有1个开孔，用于水体交换提供充足氧气，有利于受精卵的发育。每枚卵囊直径仅5毫米，包含约400颗卵，因此在产卵周期里一只纹狸螺合计产卵近40000枚。产卵后的纹狸螺虽已耗尽营养和能量，但仍然附着在卵囊群附近，默默守候。

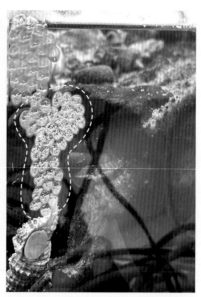

纹狸螺第一轮产卵（21枚卵囊）　　　　纹狸螺第二轮产卵（中间的42枚卵囊）

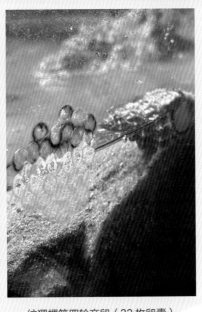

纹狸螺第三轮产卵（腹足下的 1 枚卵囊）　　纹狸螺第四轮产卵（32 枚卵囊）

　　产卵意味着生生不息。新一批的纹狸螺需要经过数个月的孵化期、浮游期才会逐渐长成父母的样子，接过种群繁衍的接力棒。为了适应复杂的潮间带环境和气候，并非所有的贝类都在春季繁殖，有些跨越整个春季和夏季，甚至在秋末仍能看到少数种类正在上演着亘古不变的繁殖的浪漫。

三种骨螺科的卵囊群
（上为红螺，中为浅缝
骨螺，下为可变荔枝螺）

苦螺——
我的礁石我做主

穿梭在厦门著名的第八市场里，大小摊位林立，各种海鲜琳琅满目。无论是早晨还是傍晚，捕捞期还是休渔期，我们都能在这里寻觅到各种古早味的传统小吃，以及新鲜的海产。如果要评选第八市场最常见的腹足纲贝类，那么非苦螺（也叫辣螺）莫属。因为苦螺产量大、价格亲民、供应量稳定，也不受休渔期的影响，在退潮后的潮间带即可采捕。

闽南人偏爱的苦螺，是一类腹足类物种的统称，包括了很多物种，比如黄口荔枝螺（*Reishia luteostoma*）、疣荔枝螺（*Reishia clavigera*）、瘤荔枝螺（*Reishia bronni*）、蛎敌荔枝螺（*Indothais gradata*）、多皱荔枝螺（*Indothais sacellum*）、爪哇荔枝螺（*Indothais javanica*）、可变荔枝螺（*Indothais lacera*）、马来荔枝螺（*Indothais malayensis*）等，它

可变荔枝螺聚集交配

可变荔枝螺的卵囊群（已破膜）

马来荔枝螺和卵囊群　黄宏进供图

像稻谷粒的马来荔枝螺卵囊群（左未破膜，右已破膜）　黄宏进供图

们都是隶属于骨螺科荔枝螺属（*Reishia*）和印度荔枝螺属（*Indothais*）的物种。它们有很多俗名，比如苦螺、辣螺、辣玻螺、荔枝螺、骨螺、岩螺、蚵岩螺等。苦螺是餐桌上的常客，它们的口感微苦中带点微辣，当地人认为具有清热、解暑、利尿等功效，除了直接白灼用牙签挑食外，还会将煮熟的螺肉挑出来煮成苦螺羹。

　　苦螺的螺壳呈纺锤状，表面具有疣状、瘤状或角状突起，尤其是疣荔枝螺和瘤荔枝螺，外形很像荔枝，因此也被称为荔枝螺，而它们的属名荔枝螺属和印度荔枝螺属也由此而来。苦螺大多分布于潮间带中、低潮区至潮下带的礁石上、石缝中或砾石下，它们是典型的肉食性动物，主要捕食礁石区的双壳类、其他小型腹足类和藤壶。它们是营固着生活[○]的牡蛎的天敌，尤其喜欢吃牡蛎幼贝。当苦螺饿了，它们就在礁石区寻觅猎物，那些无法移动的牡蛎就成了"瓮中之鳖"。苦螺找准一个牡蛎，爬上去用腹足紧紧吸住牡蛎壳，一边分泌能腐蚀牡蛎壳的酸性液体，一边用齿舌钻个小洞，一旦把壳钻透，就得到了一顿鲜嫩的牡蛎肉大餐。因而，牡蛎养殖户视苦螺为"眼中钉"。

　　为什么苦螺长年出现在餐桌上被大量食用却还能保有稳定的资源呢？这和它们的繁殖有关。

　　与骨螺科其他贝类一样，苦螺也是典型的"R对策生物"，它们通过生产大量的个体

　　○　营固着生活：永久地附着在海底或其他物体表面或营浮游生活（漂浮）。——编者注

正在产卵的爪哇荔枝螺

爪哇荔枝螺和卵囊群

小、发育快的卵来获得竞争优势，每个个体通常产数千枚甚至上万枚卵，从而延续种群的繁衍。为了获得更大的胜算，它们还有简单的护卵机制，那就是先制造一个硬膜质的卵囊，再在里面产下许多枚卵，并充入半透明胶状液体，一个卵囊装不下了，继续制造一个新卵囊，再往里面产卵，周而复始。同一只雌螺同一批次产的卵囊通常共有一个具有黏性的胶质底座，所有的卵囊在上面整齐排列，当许多雌螺聚集在一起产卵时，卵囊可能将大礁石的整个侧面都铺满，像铺了一层黄色的植绒地毯，非常漂亮。产卵后，苦螺也会在周围守护而不远行。

荔枝螺属和印度荔枝螺属的卵囊整体呈大米状，但不同种类在形状和个体大小上又有差异。马来荔枝螺的卵囊像未脱壳的棱角分明的稻谷粒，疣织纹螺的卵囊似脱壳后普通的粳米，而体型较大的可变荔枝螺的卵囊则像脱壳后细长的籼米。不同种类的苦螺每个卵囊的含卵量不同，黄口荔枝螺每个卵囊的平均含卵量约165粒，而疣荔枝螺可达约250粒。受精卵在卵囊膜和胶状液体的保护下，通常经过11天左右的发育，经过囊胚期、原肠期、膜内担轮幼虫期、膜内面盘幼虫期等阶段，才破膜而出，成为营浮游生活的面盘幼虫。伴随着不同的发育期，卵囊的颜色也逐步发生变化，从刚产出时的淡黄色，历经黄色、深黄色、灰色和黑色，面盘幼虫出膜后，卵囊也变得半透明，最终变成粉紫色或紫色。

出膜后的面盘幼虫经过一段时间的发育和生长，才变成与成体外观相似的稚螺。在这个阶段，失去了卵囊的保护而变得危机重重，大部分的浮游面盘幼虫甚至稚螺成为其他肉食性动物如鱼类和甲壳类动物的食物，没有机会长成成体。好在"R对策生物"的生存策略本身就是以量取胜，产卵量大，基数大，哪怕只有很小比例的受精卵能最终成长为成体，也足以维系种群的繁衍。

因此，只要苦螺的栖息生境未遭破坏，适度地、可持续地采集和食用并不会对它们造成毁灭性的影响。

黄口荔枝螺和卵囊群

疣荔枝螺和卵囊群

疣荔枝螺的卵囊群（已破膜）

玉螺——
海滩上的"沙碗"

在我国每年的4月到7月，气温舒爽，光照适宜，大量繁生的浮游植物为蛰伏了一冬的其他海洋动物提供了充足的能量来源，它们纷纷移居浅海觅食或寻找配偶，因此退潮后的海滩到处都充满了繁荣的景象。除了可以发现各种各样的生物外，还有可能遇到一种奇怪的东西：形状如同倒扣的缺了"碗底"的小碗或花口碟一般，颜色与环境无二，质感犹如橡胶，摸上去弹性十足；仔细观之，它们居然是由无数的细小沙粒排列组合而成的，这究竟是一种海洋物理现象，还是某种未知生物所留下的遗迹呢？

5月中旬，潮间带低潮区布满黑田乳玉螺制造的"沙碗"

玉螺"沙碗"细节（胶质体包裹大量的沙粒和卵囊）

斑玉螺和卵囊群

　　如果将它们切开并置于显微镜之下，你能够看到这样的景象：许多半透明的球状物体被沙粒包裹着，分散在视野的各处。原来，它们的真正面目是卵囊群，包含着几万到几十万颗螺卵，来自一群叫作"玉螺"的海洋腹足贝类，因外形酷似西方那种可拆卸的老式衣领，所以国际上称它们为"Sand Collar"，即"沙领"。而我国沿海居民更习惯叫它"沙碗"。

　　这些"沙碗"其实都是玉螺的杰作。玉螺是玉螺科（Naticidae）软体动物的统称，目前已被发现约270种，全部生活在海洋里，它们繁育后代的方式大多都是通过产下"沙碗"的形式进行。玉螺是雌雄异体，但雌雄个体在外形上并没有差别，只能从内部结构进行区

格纹玉螺

格纹玉螺卵囊群

分。雌性玉螺在交配3~4天后开始产卵。

玉螺究竟是如何产卵的呢？这一过程神秘而隐蔽，这与它们喜欢潜沙的习性密切相关，而且产卵时间通常选择在天文大潮期的黄昏或者黎明时分，因此很少有人能在自然界中观察到。研究人员通过长期的野外追踪和实验室观测，现已对这种罕见的生物学行为有了较为准确地记录，一般情况下，整个产卵过程会分成四个主要阶段：

1. 当怀孕的雌性玉螺准备生产时，它们通常会选在潮水退至最低点的时段内进行，先将身体侧卧，足部从贝壳中完全伸出，并沿着纵轴方向微微折叠，慢慢地从前后足尖端的褶皱位置释放出大量的透明黏液，并在水流的作用下分散成长串，这些黏液就是构成"沙碗"胶状物质的前期形态，是由足部表皮上的杯状细胞分泌出来的。有趣的是，此时的雌性玉螺仿佛受到了某种催眠，感官变得非常迟钝，它们就如同睡着了一般安静地躺在那里，即便被人拿在手中也会浑然不觉。

2. 随着涨潮时刻的来临，玉螺"妈妈"逐渐变得活跃起来，它们开始挖掘泥沙，身体一点点地向下方钻入，然后消失不见，但此时仍没有结束，直至下潜到距离地表5~10厘米（深度随种类和个体大小而变化）的位置时方才停下来，然后保持壳顶与地表垂直，身体侧卧，就这样安静地休息一段时间。

3. 产卵开始了，雌性玉螺保持身体姿势不变，并按照一定的半径沿顺时针方向（有些也按逆时针方向）做起了水平绕圈运动，位于触角下方的那部分上翻的前足内侧开始分泌出胶状物质"果冻1号"；同时，生殖孔排出受精卵和另外一种胶状物"果冻2号"，它是由输卵管壁上的腺体分泌的。在雌性玉螺前行的反作用力和来自周围介质压力的共同作用下，两种"果冻"不断向身体的后方蔓延，并被挤压到贝壳的侧表面上，压成略呈弧面的扁条带，在彼此相互融合的同时，将周围的沙粒也包裹了进来，于是"沙碗"就慢慢形成了。当掺沙的果冻条带不断加长，并闭合为一圈弧面倾斜的环形跑道时，也就形成了一个

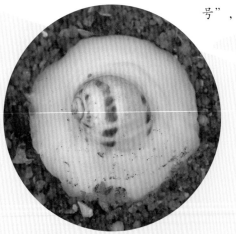

黑田乳玉螺

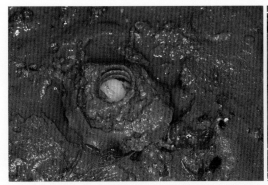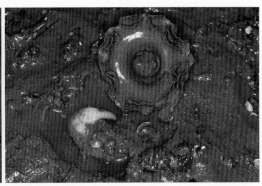

黑田乳玉螺正将产好的沙碗从沙子里顶出来

倒扣着的、漏底的碗。有些种类的玉螺跑圈不止一周，所以碗壁有时厚达4~5层。

4. 当产卵临近尾声时，雌性玉螺会绕着"沙碗"反复检查：伸展的前足起到了"刮刀"的作用，能够将粗糙的外壁修整光滑，同时分泌出第三种胶状物，即"果冻3号"，对整个结构进行一遍遍地黏合和加固；而且在每次经过"沙碗"的下方时，会用身体将其缓慢抬高，直至最终送至地表，整个产卵过程才宣告结束，历时几十分钟到数个小时不等。

玉螺如此大费周章地制作"沙碗"，获得的好处是显而易见的：随着沙粒被卷入到"果冻"中，在压力的作用下，受精卵"被迫"一颗颗地分离开来，这就如同让它们从拥挤的"通铺"搬进了宽敞的"单间"，在沙粒的保护下，大大降低了受到机械性损伤的风险；而"果冻"可以有效阻止胚胎和外界环境之间的物质交换，既能减少有益物质，如咸水、热量的外流，又能阻挡有害物质，如淡水、极端热量、有害微生物等的内流，尤其对于主要生活于潮间带的玉螺来说，这里的环境更加恶劣，而"沙碗"的存在有效地提高了胚胎的存活率，这也是动物为了更好地生存下去，在与大自然长期的搏斗中所做出的妥协与适应。

不同种玉螺的"沙碗"在外部形态、缠绕圈数、泥沙密度等方面均有区别，因此也是分类的重要依据之一。

厦门的潮间带常见的"沙碗"有三种，而且持续的时间更长，从3月到9月都能发现，其中最常见且持续时间最长的是斑玉螺（*Paratectonatica tigrina*）。斑玉螺的"沙碗"底部直径约5厘米，底部直径约为顶部直径的2倍，表面平滑，由1~1.5圈的宽约25毫米的扁条带构成，底部边缘为不规则的波浪状；格纹玉螺（*Notocochlis gualteriana*）的"沙碗"底部直径约4厘米，底部直径约为顶部直径的2倍，表面平滑，由1.5~3.5圈的宽约10毫米的扁条带构成，底部边缘为细微的锯齿状；黑田乳玉螺（*Mammilla kurodai*）的"沙碗"底部直径约6厘米，底部直径约为顶部直径的3.5倍，表面稍粗糙，由4~5圈的宽约25毫米的扁条带构成，底部边缘有明显的波浪状褶皱。

珊瑚礁区的潮间带，一种玉螺的卵囊群由5层构成，边缘修饰波浪花边

大部分玉螺都以"沙碗"来繁育后代，但也有些种类独树一帜。在我国没有分布的Conuber属玉螺生产的是"纯果冻"。它们能产出大量超强黏液，直接将卵包裹，形成晶莹剔透的"果冻"卵囊，通常呈"C"形，并不掺入沙子。

除了独特的繁殖方式，玉螺的食性也很特别。

被玉螺钻孔的四角蛤蜊

两只斑玉螺正在抢夺一只四角蛤蜊

玉螺是肉食性动物，在食物网中扮演高级消费者的角色。它们以沙质或泥沙质底中的甲壳类、多毛类、软骨鱼卵鞘、腹足类和双壳类等为食，尤其喜欢双壳类。玉螺的触角是敏锐的嗅觉器官，能够快速捕捉到泥沙或积水中混杂的潜在食物的代谢物。它们在泥沙中一边爬行，一边用触角进行探测，当发现猎物时，它们会利用发达宽大的腹足将其包裹，并分泌黏液防止猎物逃脱。但面对最爱吃的双壳贝类，有一个难题需要解决，那就是必须先突破坚硬的贝壳保护，才能吃到里面软嫩多汁的肉，这完全难不倒玉螺，它们有一项绝招——在贝壳上钻洞。

当玉螺将猎物包裹固定后，它们便开始寻找贝壳上相对薄弱的区域，通常位于靠近壳顶的区域，因为越薄的区域钻起洞来越容易。确定钻洞位置后，它们先用位于吻端数量庞大、又尖又硬的几丁质齿舌进行纯物理打磨，清除贝壳表面的第一层障碍——角质层。突破角质层后，就是贝类结构里最厚的一层障碍，即以碳酸钙为主的棱柱层，此时，玉螺启动物理加化学混合钻孔模式，它们一边通过位于吻部的钻孔腺分泌含有碳酸酐酶的"唾液"溶解碳酸钙，一边则继续用齿舌配合钻洞，直至将贝壳磨穿，呈现外宽内窄的圆锥形小洞。接下来，就是大快朵颐享用美食的时段了，它们将吻伸长，穿过孔洞，用齿舌刮食里面美味的肉。

玉螺的食量比较大。据记载，一个成体玉螺每周可捕食2~3个双壳类。因而，玉螺对于滩涂贝类养殖户来说是"眼中钉"。它们对于蛏、蛤、蚶等双壳类尤其是幼贝危害很大，在福建沿海有"蚶虎"之称。日本宫城县在2012年曾因为玉螺的入侵，导致当地潮间带的菲律宾蛤仔的数量急剧减少。近年来，由于贝类养殖业的迅速发展，养殖户在贝类养殖区将玉螺作为主要的敌害进行捕杀，这就导致有些种类的玉螺在当地潮间带已经很难见到了。

玉螺本身也有比较重要的经济价值和生态价值。在追求贝类养殖产量和经济利益的同时，也需要权衡玉螺的保护和利用，才能达到生态平衡和可持续发展的目标。

海蜗牛——
带着卵囊去旅行

云卷云舒，潮起潮落。潮汐和洋流传递着海洋的能量，也带来了远方的礼物。

2021年3月，我们在海南陵水开展潮间带调查期间，在海滩上发现了大量蓝紫色的海蜗牛（*Janthina janthina*）和长海蜗牛（*Janthina globosa*），以及蓝色的银币水母和帆水母，偶尔还有具有"毒王"之称的僧帽水母。这些"蓝色系漂浮生物"是随着洋流漂到附近并被大浪卷到海滩上而搁浅的。事实上，在往年的相近月份里（1~4月），我们在海南的三亚、琼海、儋州、万宁等地的海滩边也发现了不少搁浅的海蜗牛和长海蜗牛。

沙滩上搁浅的带紫色卵囊
群的长海蜗牛，贝壳腹面
颜色深

沙滩上搁浅的长海
蜗牛，贝壳背面颜
色浅

　　海蜗牛俗称"紫螺"，是一类生活在世界温暖海域的浮游性贝类的统称。根据化石记录表明，海蜗牛是由梯螺科（Epitoniidae）的物种演化而来。广义的海蜗牛家族包括海蜗牛属（Janthina）和Recluzia属的种类，现生种共7种；狭义的海蜗牛家族仅指海蜗牛属的种类，现生种共5种，在我国分布有4种，其中较广泛分布的是海蜗牛和长海蜗牛。

　　海蜗牛绝对是软体动物里的另类，它们堪称"全球旅行家"。大多数海蜗牛的软体动物亲戚们都是"井底之蛙"，它们的成体或带着贝壳穴居在洞里，或附着在石头上再也不挪窝，或仅在一个小区域内移动。但海蜗牛不同，它们怀着"世界那么大，我要去看看"的憧憬，跟着洋流漂在海面到处旅行。为了顺利达成旅行计划，海蜗牛掌握了几项生存法宝。

泡泡浮囊

　　虽然海洋深不可测，生态位数不胜数，但有不少海洋生物因为各种原因需要到达海面，它们有各自的办法。比如海蛇依靠特化的扁平的尾部移动，因为它们是靠肺呼吸的变温动物，需要时常浮到海面换气，同时晒太阳和喝雨水；海龟一生中大部分时间都生活在海里，但它们也是靠肺呼吸，每隔一段时间都要借助特化成船桨状的四肢浮到海面换气；而许多鱼类依靠调整体内鱼鳔的体积和游泳而上浮。但这些方式都或多或少需要游动而消耗能量，而且只能相对短暂地停留在海面上。为了适应终生的海面漂浮生活，海蜗牛有一

长海蜗牛和它的浮囊
以及紫色卵囊群

件一劳永逸的装备——由数百个小气囊构成的泡泡浮囊。

　　海蜗牛的腹足是一台神奇的泡泡制造机,生活状态下,它们的壳口朝向海面,腹足的前端露出水面,不断伸缩运动兜取空气,腹足上的腺体随即分泌黏液,将兜取的空气包裹成小气囊,而黏液遇到海水即硬化,制造一个小气囊的时间不足一分钟。紧接着就进入下个一小气囊的制造,通常海蜗牛会一口气制造几十个小气囊,才会停下来休息片刻,直到制造出足够多的小气囊。这些小气囊在制造的过程中会不同程度地被挤压和粘连,最终形成了一个具有弹性且有足够浮力的泡泡浮囊,海蜗牛依靠它能够轻易漂浮在海面上,只要固定住浮囊即可,无需额外的运动,是真正一劳永逸的"躺平大师"。

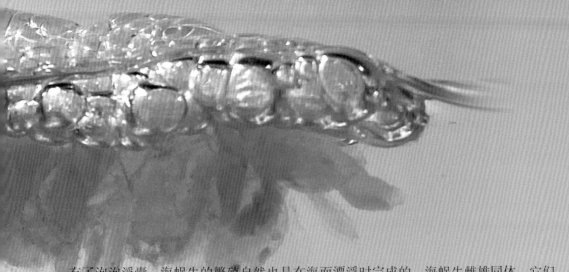

有了泡泡浮囊，海蜗牛的繁殖自然也是在海面漂浮时完成的。海蜗牛雌雄同体，它们在不同生长阶段会转化性别，通常雄性生殖系统先成熟，而在个体大小上，则体现为雄性个体最小、不育个体次之、雌性个体最大的特点。由于雄性海蜗牛不具有阴茎，雄性和雌性海蜗牛并不直接交配，雄性海蜗牛是通过释放大型的游泳精子完成受精。与此同时，雌性海蜗牛会生产大量的紫色卵囊，并分泌黏液且将这些卵囊依次黏到浮囊下方，形成规模可观的卵囊群，跟着母体一起漂浮。因此，被海浪打到海滩上的海蜗牛里，有时也能看到浮囊下黏着密密麻麻卵囊的个体。

变形计

为了适应海面漂浮生活，除了泡泡浮囊，海蜗牛还上演了一系列"变形计"。首先，与许多软体动物拥有厚重的自我保护的贝壳不同，它的贝壳变得非常脆薄，尽可能减轻重量，更易漂浮；其次，海蜗牛贝壳呈蓝紫色，在蓝色的海洋里，偏蓝的壳体颜色能够很好地融入环境，从而隐藏自己。更有意思的是，靠近螺口一侧的贝壳腹面颜色更深，而壳背面的颜色偏白，这样无论是从天上往下看，还是从海里往上看，海蜗牛都能与环境完美地融为一体，从而起到"隐身"的作用，其实许多鱼也是类似的策略，背部颜

海蜗牛露出壳口的头部、部分腹足以及吻部的齿舌结构

色深，腹部则偏白；第三，没有口盖（厣）。许多腹足类软体动物具有口盖，类似"门"的作用，当它们遇到危险时，就会把身体缩进贝壳里，同时用口盖封住壳口，起到"关门"的效果，此外，口盖闭合还能够减少水分流失。但海蜗牛不需要口盖，一方面它们为了漂浮必须始终固定住浮囊，这就导致它们的头部和腹足的一部分必须露在贝壳外，无法"关门"；另一方面，它们脆薄的贝壳不堪一击，一旦遇到捕食者，此时即使有口盖也于事无补，因此，在进化的过程中，海蜗牛彻底把口盖丢掉了。

守株待兔

海蜗牛没有游泳能力，只能靠浮囊随波逐流，因此它们只能"守株待兔"，碰到什么就吃什么。不过它们的食物还是有主食和零食之分。海蜗牛的主要食物是银币水母、帆水母和僧帽水母，因为这些水母和海蜗牛一样，都是始终漂浮在海面随波逐流的蓝色系生物，数量巨大，被海蜗牛遇到并捕食的概率最高。在海滩边搁浅的海蜗牛里，我们时常能找到正在捕食银币水母或者帆水母的个体。此外，一些小型生物会随机出现在周围的海面，对于这些零食它们也是来者不拒，依靠位于吻部前端的两大片密

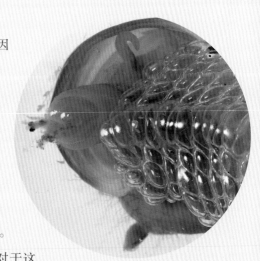

正在捕食幼鱼的长海蜗牛

密麻麻的齿舌从猎物上刮取组织，大快朵颐。这些零食包括浮游的昆虫、附着漂浮的茗荷等，甚至是海蜗牛同类，偶尔它们也自相残杀。我们在陵水采集的长海蜗牛样品里发现了

搁浅的正在捕食帆水母的长海蜗牛

一只罕见的正在吃幼鱼的个体，幼鱼身体的大半部分已经被两片齿舌"绞肉机"裹挟着卷进了食道，仅剩瞪大了眼睛的鱼头和一小段鱼尾露在外面。

虽然海蜗牛有强大的齿舌"绞肉机"，但它的食物们也并非都是弱者，比如拥有剧毒的僧帽水母，以及我们观察到的这只被捕捉的鱼，当它们被海蜗牛的齿舌刮取组织甚至包裹时，怎么可能坐以待毙呢？原来，海蜗牛还有一件秘密武器。它们在捕食的过程中，必要时会分泌具有麻痹作用的紫色染液，使猎物乖乖束手就擒。

海蜗牛的紫色染液除了在捕食时可作为麻醉剂外，在遇到危险时也可能会释放，从而起到防御的作用。我们在观察一只陵水采集的海蜗牛样品时，刚好记录到它释放出紫色染液，此时它并没有捕食，而是在感受到强光、旋转、整姿等综合因素带来的压力后的应激反应，显然，这是出于防御的目的。目前的研究并没有明确分泌紫色染液的防御机理，但因紫色染液具有麻醉的功能，所以麻醉敌人是一个合理的推测，另外，紫色染液还可以将周围的水体染浑浊，类似章鱼、墨鱼等头足类分泌黑色墨汁的作用，让捕食者短时间内找不着北，这样就能够争取时间随洋流漂走。

从中新世起，经历了数百万年的时光，海蜗牛为了顺应海漂生活而演化出了特殊的技能。它们看似随波逐流，漫无目的，但因数量庞大，有时集结成大洋中显眼的白色"泡沫线"，诉说着旅途中的精彩故事；有时又被大浪打到海滩上，结束了漂泊的旅程，成为一道独特的蓝紫色海岸带，成为潮间带沙蟹们的食物。

海蜗牛，作为一个纽带将海洋、潮间带和陆地串联，让物质和能量流动起来。

带着浮囊、分泌紫色染液的海蜗牛，
其贝壳上附着了许多茗荷

白边侧足海天牛——
"窃绿神偷"

动物和植物有什么区别？要完美地回答这个问题很难。简单而言，主要有几个层面的区别：第一，从自主运动层面，动物顾名思义，通常能自主运动，而植物则通常不能自主运动；第二，从细胞层面，植物细胞有细胞壁、叶绿体、液泡，而动物细胞没有这些结构；第三，从营养获取层面，大部分植物以自养方式生活，通过叶绿体进行光合作用合成营养物质，而大部分动物以异养方式生活，它们的主要营养来自于自身以外的生物。因而，如果只选择一个两者间最主要的区别，那便是叶绿体，因为叶绿体能帮助植物进行光合作用。

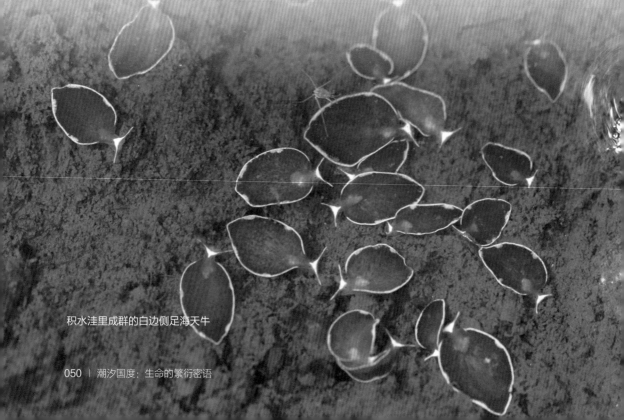

积水洼里成群的白边侧足海天牛

光合作用是指生物吸收光能，将二氧化碳和水合成有机物，并释放氧气的过程。光合作用被认为是地球上最重要的生物化学反应，为整个生物圈提供了几乎所有的生物能和有机质。科学研究发现，蓝细菌在距今25亿年前就已经获得了光合作用能力，而距今约12.5亿年前，真核生物通过与某种蓝细菌的共生获得了光合作用能力，这便是植物最早的祖先。光合作用发生在含有叶绿素的叶绿体里，因此含有叶绿体的植物、藻类以及光合细菌都可以进行光合作用。然而，大自然总有例外。食虫植物为了适应特殊的生境，除了光合作用外，还特化出了捕虫技能从而获取额外的营养来源，同样地，动物界也有能进行光合作用的特例。在软体动物里，少数隶属于海天牛科（Plakobranchidae）海天牛属（*Elysia*）的物种，比如分布于美洲的绿叶海天牛（*Elysia chlorotica*），它们能够吸食藻类的叶绿体，并在体内保持叶绿体活性，进行光合作用获取有机物。因为它是从藻类"偷来"的叶绿体，因此也被称为"盗质体"。

2020年，海南大学万迎朗教授在海南东寨港国家级自然保护区发现了一种很小的海天牛属物种，并进行了一段时间的野外种群跟踪观察和实验室研究，结果发现这个种是1990年在我国香港红树林区被发现并定种的*Elysia leucolegnote*，在中国大陆尚未见报道，于是，2021年他将其中文正名命名为白边侧足海天牛。2022年，随着调查和研究的深入，广西北海和广东深圳的红树林区也相继发现了白边侧足海天牛。其实，早在2006年和2007年，我们就已经在海南清澜港和东寨港相继发现并拍照记录了这个物种，但因彼时学业不精且缺乏资料，该种鉴定毫无头绪，一直被雪藏于未定物种的文件夹中，错过了发表新记

2006年海南清澜港记录的白边侧足海天牛

2007年海南东寨港记录的白边侧足海天牛

录种的机会。

白边侧足海天牛个体小，成体体长约10毫米，呈椭圆形，平展后像一片树叶。体表光滑，呈黄绿色至墨绿色，侧足叶发达，边缘描了一圈显眼的白边，身体中部和近后端两侧对称分布着1对白色斑块。头部略呈倒三角形，上端覆盖一个白色的等腰三角形斑块，白色一直延伸至两条细长的嗅角末端，在嗅角基部有一对黑色眼点。身体前方可见略突起的卵圆形围心囊，其后延伸出两条对称分布的背血管及数条次级分支血管，组成的"叶脉"。它的口位于头部

纯白色的白边侧足海天牛　万迎朗供图

腹面，左右贯穿，中间是突起的上、下唇。白边侧足海天牛正是利用这个"嘟嘟咧嘴"取食丝状绿藻（*Boodleopsis* sp.），并从中"盗取"叶绿体储存在自己身上，进行光合作用。

白边侧足海天牛分布于潮间带高潮区红树林林内滩涂，通常在退潮时才易被发现。当潮水逐渐退去，滩涂尚未露出时，偶尔可见一些个体通过侧足叶波动产生浮力进行较远距

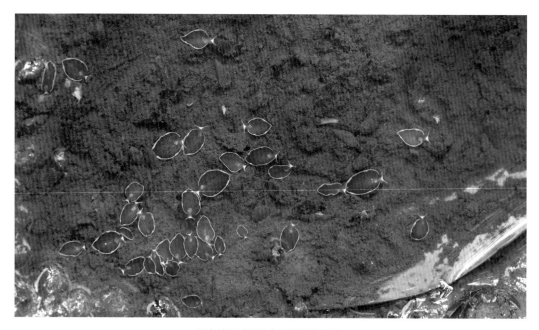

积水洼里成群的白边侧足海天牛

离的运动和迁移；虽然白边侧足海天牛依赖阳光进行光合作用，但其实它们怕强光直射，当滩涂裸露时，它们会成群聚集到树荫下的积水洼中，在滩涂表面平展身体缓慢爬行，若树冠受微风扰动突然洒进强光，它们会迅速将平展的侧足叶向背部卷曲收缩；当潮水进一步下退，水洼接近干涸时，它们会就近钻进洞穴或淤泥里，避免直接暴露在烈日下。

　　白边侧足海天牛雌雄同体，但必须异体受精。它们的繁殖策略是以量取胜，是典型的"R对策"。受精后的白边侧足海天牛也是"画圈圈"产卵，细长的卵群带从里到外顺时针展开，里面的卵囊成对排列。每次产卵囊约1500~2000个，每个卵囊中又包裹数十个受精卵。这样一次能产数万枚受精卵，从而维系种群的繁衍。山东青岛潮间带分布的深绿海天牛（*Elysia atroviridis*）的卵囊群在外形上与白边侧足海天牛的卵囊群相似，都是"画圈圈"的蚊香状，但细看它的卵带里包裹着的卵的分布，并非以成对的卵囊排列，而是一颗颗卵均匀地密布。白边侧足海天牛的幼体呈白色，它们需要尽快找到丝状绿藻取食，才能获取营养物质和叶绿体并逐渐长大。随着"盗取"并储存的叶绿体数量的增加，白边侧足海天牛的体色

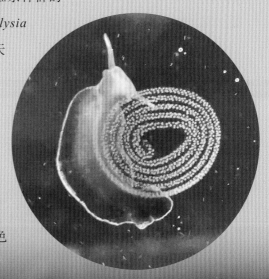

产卵中的白边侧足海天牛　万迎朗供图

深绿海天牛的卵囊群　王举昊供图

也逐渐由白色变为黄绿色，再到绿色和深绿色，最终变成墨绿色。一些研究表明，绿叶海天牛体内具有维护叶绿体的基因，能够让叶绿体在体内长期保持活性，但目前这类基因并没有在白边侧足海天牛被发现。因而，白边侧足海天牛必须经常啃食丝状绿藻获取绿叶体，才能保持自身足够的叶绿体数量，如果长时间没有吃到丝状绿藻，它们身上的叶绿体会逐渐作为营养物质被消化或降解，体色也会随之逐渐变浅，最终又变成白色，就会很快饿死。

这种个体迷你、行动缓慢的神秘物种，还有许多的未解之谜等待科学家们去发现。

遇到强光时白边侧足海天牛会迅速收缩

海兔——
"海粉"制造机

早年厦门有一种著名特产——"海粉"，曾远销海外，现今已不多见，甚至绝大多数厦门的年轻人都没听说过，只剩下翔安区琼头村等一些传统渔村的渔民还会在产卵季去海边捡拾"海粉"，回家洗净后放置在自制的晒网里晾晒后储存，嘴馋了就拿两坨煲汤，追忆当年的海味。其实，"海粉"是干制的海兔卵（卵囊群，或称为卵群带），最近几年，我对于"海粉"有了较系统

晾晒中的"海粉"

地观察和认知，因此很容易就能够在正确的季节和合适的生境里找到"海粉"。但2018年第一次寻找、观察和记录"海粉"的经历，至今我仍印象深刻。

2018年4月20日，听说五缘湾有不少海兔出没，仍是春季产卵季的末期，而且基本上没有渔民捡拾，找到的概率很大。于是二话不说，我带着刚好到访的马来西亚伙伴一起探访海兔。

夜幕降临，我们一行四人带着电筒和相机沿着小潮沟一路往低潮带缓慢前行，一

2018年第一次寻找海粉

边走一边寻找海兔。今天的主角大名叫蓝斑背肛海兔（*Bursatella leachii*），隶属于海兔目（Aplysiida）海兔科（Aplysiidae）。其实它是贝类（软体动物），只是贝壳已完全退化，因而我对于这个物种特别感兴趣。

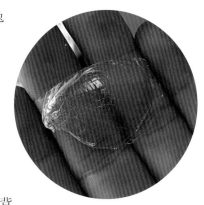

杂斑海兔贝类退化，仅在体内残留一小片薄膜

蓝斑背肛海兔这个名称，浅显易懂。蓝斑：它的背上分布有圆形的浅蓝色眼状斑纹；背肛：它的肛门位于背部，事实上是在背裂孔内偏后的位置，我称之为背着"菊花"。有时还可以看到背上背着一大坨新鲜粑粑的海兔；海兔：是海兔科软体动物的统称。海兔科软体动物有一些基本特征，比如头部有两对触角，贝类多退化等。因为有触角，看起来像兔子而得名。海兔的两对触角有不同的分工。前面一对负责触觉，后面一对负责嗅觉。虽然它也有眼，但结构简单，看起来仅仅是一对凸起的小黑点，只能感受光线的强弱。

蓝斑背肛海兔是个吃货。它的嘴位于头部腹面，属杂食性动物，主要刮食滩涂表面的底栖硅藻和有机碎屑，一边爬一边吃，有时还能看到"边爬边吃边拉"的场景。温度直接影响它的食欲，水温在16~21℃时，它的吞食能力最旺盛，生长也最快。

蓝斑背肛海兔爬行速度缓慢，浑身又只是一坨软趴趴的肉，没有贝壳保护。为了生存，它演化出了四大绝招。

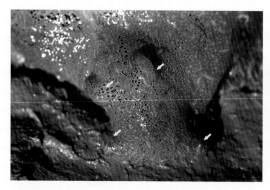

蓝斑背肛海兔的触角和眼，黄色箭头为两对触角，红色箭头为眼

蓝斑背肛海兔正在排泄粪便（肛门在背部）

绝招一：拟态和保护色

蓝斑背肛海兔体表遍布黑、绿色素，因此它的体色会根据生境的不同而发生一定程度的变化，从而更好地隐藏于环境中。当然，它的体色也会因为所吃的食物而发生变化。

它的体表还长了许多黄褐色树枝状突起，当缩成一团"装死"或静止不动时，在身上诸多突起的装饰下，犹如一块长满藻类的石块，尤其在水里更形象，此时它的心里默念："我是长满藻类的石头，你看不见我！"便可以轻易蒙蔽敌人的眼睛。

体表布有黄褐色树枝状突起

遇到危险或刺激，蓝斑背肛海兔喷出紫色墨汁

绝招二：有毒的分泌物

蓝斑背肛海兔体表分布有许多腺细胞，能分泌大量透明的黏液包裹于体表。黏液的第一个作用是暴露在滩涂活动时可减少水分蒸发；第二个作用是可减缓海浪的冲刷；第三个作用是使体表又黏又滑，可在一定程度上逃避敌害侵袭。

当然，仅有无毒的黏液是不够的，它还能分泌有毒的挥发性物质。这类挥发性物质对神经和肌肉系统具有毒性，可使天敌畏而避之。

繁殖季渔民在潮间带能看到大量的蓝斑背肛海兔。以前渔民捡拾它们主要用来养殖和做肥料，通常不食用，因为"食而无味"，而且难免残留有害的分泌物，吃多了对身体不利。

绝招三：退缩和烟幕弹

"退缩成球"是蓝斑背肛海兔遇到危险时的应激反应，是最本能的逃避和防御机制，类似于马陆和穿山甲缩成球，只是后两者缩成球后外面都有坚硬的"铠甲"保护，而蓝斑背肛海兔却没有，所以这并不是一记妙招。

它还有一个秘密武器，就是跟它的远房亲戚章鱼、乌贼一样，在背裂孔右侧武装了一颗墨囊，像一粒老鼠屎。当它遇到危险时会喷出紫色黑汁，将水体染紫，蒙蔽敌人，并趁机逃跑。

蓝斑背肛海兔的蓝斑和紫色墨囊，左边为蓝斑，右边为紫色墨囊

绝招四：惊人的繁殖策略

蓝斑背肛海兔是雌雄同体的动物，但它无法给自己受精，需要异体受精。在春、秋两季性腺成熟时它们便会交尾产卵，而在春季更盛。

蓝斑背肛海兔的交尾场面非常隆重，常常多只聚集在一起，排成一列"火车"进行集体交配。最靠前的"火车头"充当雌性角色，紧随其后的第二只个体会爬到"火车头"背部，将阴茎从其右触角下方的雄性生殖孔伸出并插入"火车头"背裂孔里的雌性生殖孔内

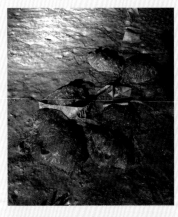

繁殖季节，蓝斑背肛海兔从浅海爬到潮间带进行集体交配

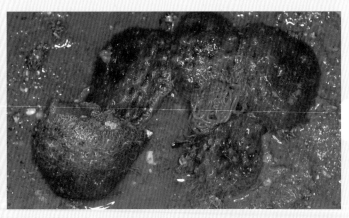

5只蓝斑背肛海兔正在"拉火车"

进行交尾，在这个交尾环节中，"火车头"是雌性角色，第二只个体是雄性角色；紧接着，第三只个体会爬到第二只个体背上，将阴茎插入第二只个体的雌性生殖孔进行交尾，在这个交尾环节中，第二只个体是雌性角色，而第三只个体是雄性角色；以此类推，最多时可组成一列20多节"车厢"的小"火车"。

在这列"火车"里，除了"火车头"是单纯雌性角色以及"火车尾"是单纯雄性角色外，中间的各节"车厢"既是雄性也是雌性。最终，除了"火车尾"的那只海兔没有受精外，其他的海兔全部完成受精。这是异常高效的交配行为。蓝斑背肛海兔交尾通常持续几个小时，交尾一日后便可开始产卵。

其实海兔的卵远比海兔本身有名。海兔的卵（卵囊群，或称为卵群带）俗称"海粉"（或"海米粉"），营养成分较高，又具有诸多药用价值，在民国《厦门市志》里形容为"品视燕窝为次"，可见其在名贵滋补品中的地位。然而现在却鲜有人知，仅在网络平台上还能找到销售海粉的零星店家。

一对蓝斑背肛海兔正在交尾产卵，其中一只还在排泄

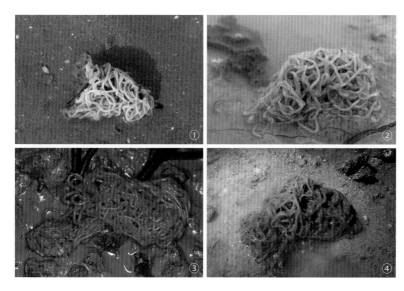

图中分别为黄白色（①）、橙黄色（②）、橙色（③）、紫色（④中）和浅紫色（④左右）的卵囊群

不同个体的海兔因种类或食物的不同，所产的卵囊群颜色也有不同，一般从浅绿色到深黄色之间。清代乾隆年间的《本草纲目拾遗》做了准确地描述："海粉随海菜之色而成，或晾晒不得法则黄。"产卵量在不同种类和个体上差异较大，蓝斑背肛海兔的卵囊群通常长约500厘米（湿重约12克）。

用放大镜观察可以看到更多细节。在卵囊群里卵囊呈螺旋形排列，平均每厘米的卵囊群包含35个卵囊，而一个卵囊平均含20个卵，这样算下来，一只蓝斑背肛海兔交尾后的单次产卵量约为35万个。到了繁殖季节，成千上万的蓝斑背肛海兔在滩涂上交尾产卵，可想而知，它们的卵的数量是多么惊人！这是典型的靠量取胜的生存策略。

海兔喜欢把卵产在滩涂表面突出的物体上，比如大型藻类、石块、贝壳等，甚至是人造物比如人类产生的海漂垃圾上。早期厦门的渔民就是利用蓝斑背肛海兔这种产卵的习性，从海边收集海兔并放养在插了竹条的养殖塘里，海兔交尾后便会在竹条上产卵，这样渔民们就能轻而易举地收获"海粉"。

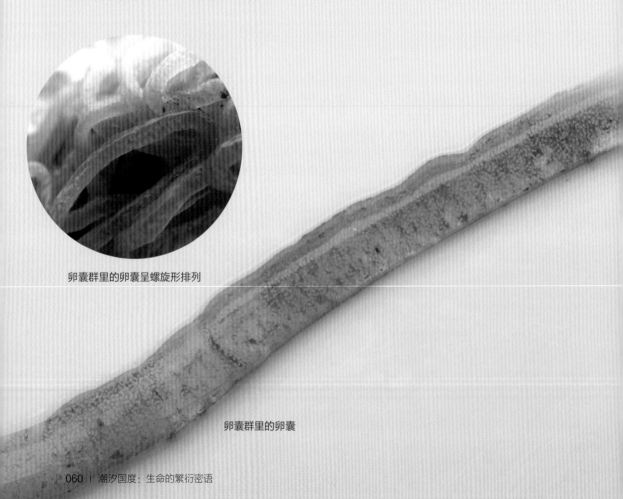

卵囊群里的卵囊呈螺旋形排列

卵囊群里的卵囊

闽南人养殖海兔的历史可追溯到两三百年前，其中厦门是最主要的养殖区域之一，比如在养殖血蚶的地方混养海兔。据考证，厦门最近的有海粉产量数据的历史记录是1955年，当时高殿乡养殖近300亩（约20公顷），收获鲜粉8000多千克，相当于约70万只海兔产卵的产量。

视线拉回到第一次寻找"海粉"的场景。上岸前，我们在低潮区滩涂上找到了一处"文蛤坟场"，硕大的文蛤壳集中散落于约1平方米的区域内。文蛤壳堆积散落形成的凹凸变化的空间，恰恰是海兔最喜欢的产卵区域，成了海兔们的乐园。至少有5只海兔在这个区域徘徊（其中4只仍保持"火车"队形），文蛤壳上挂着好几坨新鲜的"海粉"。此行的目标圆满达成。

我突然想到一个问题，这个"文蛤坟场"是如何形成的？因为这一堆文蛤壳的规格很大，且集中在一小片区域里，周围的滩涂上基本没有。也许若干年前，渔船上的渔民煮了一锅文蛤，吃完后将壳从船边就近倒到海里。如今，这些厨余垃圾成了海兔的产卵场。

蓝斑背肛海兔是海兔家族最常见的物种。海兔是海兔目海兔科软体动物的统称，它们跟我们餐桌上常见的骨螺、香螺等都属于腹足纲贝类，只是贝壳已退化，有些仅在体内残留一小片薄膜状的结构，有些则完全退化消失。

"花蛤坟场"里的蓝斑背肛海兔和卵囊群

海兔家族"兔"丁兴旺，成员较多，在我国已发现约20种，大多生活在海岸潮间带至潮下带区域。常见的有蓝斑背肛海兔、黑斑海兔（*Aplysia kurodai*）、杂斑海兔（*Aplysia juliana*）、截尾海兔（*Dolabella auricularia*）、日本海兔（*Aplysia japonica*）、黑边海兔（*Aplysia parvula*）等。不同种海兔在个体大小、体型、颜色、花纹上有很大差别，日本海兔和黑边海兔属于苗条的小海兔，蓝斑背肛海兔、黑斑海兔、杂斑海兔、截尾海兔则是肥胖的大海兔，其中截尾海兔的个体长度甚至可达到30厘米。对于身体胖嘟嘟的中大型海兔，比如蓝斑背肛海兔、黑斑海兔和杂斑海兔等，厦门渔民形象地称它们为"海猪"。

　　同为海兔家族成员，其他海兔的交配方式与蓝斑背肛海兔一样，所产的卵囊群也是一坨坨"海粉"的造型，只是在粉的粗细、长度上有些许差异。

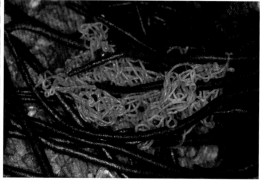

黑斑海兔（左）和卵囊群（右）

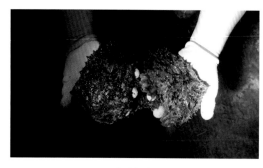

截尾海兔　　　　　　　　　　　　　　　　截尾海兔交配中

海兔家族就是"海粉"制造机。有时在潮间带能同时看到几种海兔以及它们产的各种"海粉",有粗粉、中粉、细粉,有黄白色、黄色、橙色、紫色,仿佛进入了一个"海粉"加工厂,琳琅满目,令人应接不暇。

日本海兔(右上)和卵囊群(左下)

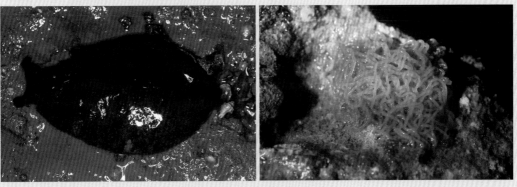

杂斑海兔(左)和卵囊群(右)

海牛——
"宽面"制造机

海里有了海兔、海猪和叶羊，怎么能少了海牛呢？海里确实也有"海牛"。海牛是海兔的远房亲戚，也是贝壳完全退化的软体动物。比起海兔家族，海牛家族更为庞大，是裸鳃目（Nudibranchia）海牛亚目（Doridina）软体动物的统称。根据嗅角形状、鳃的位置和结构等的差异，科学家将海牛又分为仿海牛科（Dorididae）、多角海牛科（Polyceridae）、枝鳃海牛科（Dendrodorididae）、盘海牛科（Discodorididae）、车轮海牛科（Actinocyclidae）、六鳃科（Hexabranchidae）等不同类群的"海牛"。

海兔具有2对触角，而海牛只有1对名为嗅角的触角。它们的嗅角形态多样，呈指状、花苞状、叶片状、帆状，甚至具有分枝。嗅角发挥着等同于人类鼻子的作用，通常由10~20多个鳃叶构成，有助于增加与水体的接触面积，从而更好地捕获环境中的有效信息。大部

东方叉棘海牛（左）和卵囊群（右）

分海牛的嗅角基部还安装了嗅角鞘，用于保护嗅角，当遇到外界干扰或刺激时，海牛会迅速将嗅角缩进嗅角鞘内。

隶属于裸鳃目的海牛，与人们熟悉的骨螺等海螺和花蛤等海贝同属于软体动物，但它们之间最显著的差异是有无外壳，海牛在长期演化过程中，贝壳已完全退化消失。此外，还有一个在外观上非常明显的区别，就是海牛用于呼吸的鳃并非藏在体内的外套腔中，而是完全裸露在身体外，因而被称为"裸鳃"。不同种海牛的裸鳃造型也是五花八门，有些像一朵盛放的花朵，有些像微缩的羽毛，有些则像整齐的树枝，它们在海水中肆意摇曳，进行气体交换完成呼吸过程。与保护嗅角的嗅角鞘一样，大多数海牛还具有保护裸鳃的鳃腔，当遇到危险时，它们会将裸鳃迅速收入鳃腔中。

海牛并非素食主义者。绝大多数的海牛都以动物为食，不同种类海牛的挑食程度不同，有些对于食物具有偏好性，有些则食性非常专一。海牛的食谱涵盖海绵动物、尾索动

多角海牛属一种和卵囊群

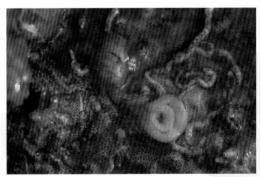
鬈发海牛属一种和卵囊群

物（海鞘）、苔藓动物、刺胞动物，更凶残的物种甚至还会对自己的同类下口。我的朋友钟丹丹曾观察到一只橙色的看似很萌且人畜无害的无饰裸海牛（*Gymnodoris inornata*）正在吞食一只体型比自己大的黑色的树状枝鳃海牛（*Dendrodoris arborescens*），原来海牛也不可貌相。了解了海牛的食性，仿佛打开了通往海牛世界的大门，我们就能够在潮间带通过定位它们的食物，提升发现海牛目标种的概率。

与海兔的造型单调、颜色素雅不同，海牛的造型多种多样，配色丰富艳丽，几乎网罗了自然界所有的颜色。早些年，我在纪录片里看到被誉为"西班牙舞娘"的血红六鳃

（*Hexabranchus sanguineus*），在清澈的海水里翩翩起舞，从此便铭记于心。2018年，我在印尼巴厘岛的潮间带终于有机会一睹真容。在一个退潮后的潮池里，我正在观察海葵捕食，突然眼角余光瞄到一抹妖艳的血红色，一只血红六鳃正奋力展示着它的舞姿，时而向内蜷缩，时而向外舒展，似乎踩着节拍，有节律地摆动着。当它完全舒展时，露出镶着白边且装饰白色花纹的红色裙边，着实让人眼前一亮。兴许是潮池里的水太浅，没过多久，它便停在礁石边缘开始爬行。对于血红六鳃而言，舞动并非最耗能量的事，更大的挑战是产卵。它们通常耗费好几个小时来产卵，产出的卵囊群由宽约18～20毫米带卷边的卵带缠绕而成，若拉直后就似一条宽面，一侧黏于海绵等基质上，像一朵盛开的艳红色花朵，里面包含了数万颗卵。卵囊群随波荡漾，不仅能够保持清洁，还能保证足够的气体交换，有助于受精卵的发育。

血红六鳃

血红六鳃的卵囊群局部

血红六鳃

枝鳃海牛科的物种是海牛家族在潮间带较常见的类群之一，其中橙黄色的小枝鳃海牛（*Doriopsilla miniata*）是最常见的物种，它们的卵囊群颜色与体色一致，由宽约5毫米的卵带从圆心向外绕圈圈而成。与小枝鳃海牛同属的其他两种小型的小枝鳃海牛属物种，它们的卵囊群更小型，卵带的宽度只有2~3毫米，分别呈橙黄色和黄色。在我国南海，分布着另一种名为黑枝鳃海牛（*Dendrodoris nigra*）的小型物种，它们通体呈黑色，幼年和成年期背部散布白色斑点，随着个体进一步生长，背部白点会完全消失，但嗅角顶端的一对白点则

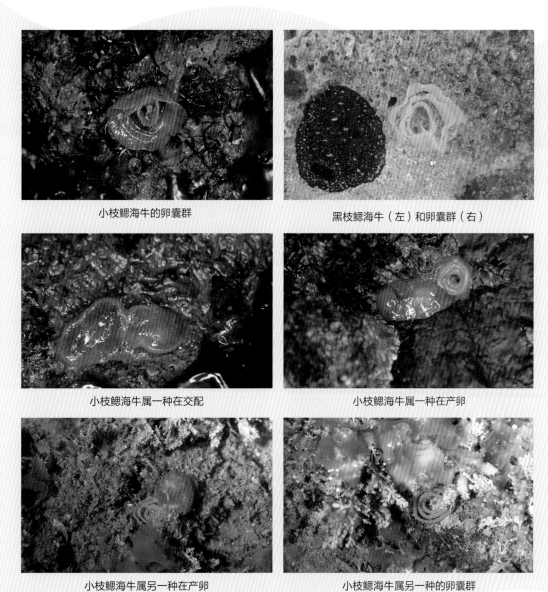

小枝鳃海牛的卵囊群　　　　　　　　　黑枝鳃海牛（左）和卵囊群（右）

小枝鳃海牛属一种在交配　　　　　　　小枝鳃海牛属一种在产卵

小枝鳃海牛属另一种在产卵　　　　　　小枝鳃海牛属另一种的卵囊群

陪伴终身。它们产的是黄色的卵囊群，由宽约3~4毫米卵带组成。在福建厦门的潮间带，还能见到另外两种稍大型的种类，分别是红枝鳃海牛（*Dendrodoris fumata*）和树状枝鳃海牛。红枝鳃海牛通常呈红棕色，背部散布黑色小斑块，而树状枝鳃海牛通体黑色，边缘装饰一圈暗红色的窄裙边。它们的卵囊群都是由宽约6~8毫米的卵带组成的圆形或椭圆形，只是前者的颜色呈黄色，而后者则是橙黄色。有趣的是，它们在产卵的过程中会将卵带刻意形成一个个褶皱，看起来像一条百褶裙的裙边。

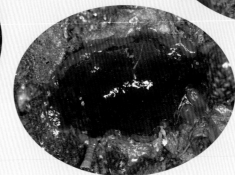

树枝腮海牛（右）
及其卵囊群（左）

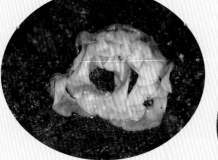

红枝腮海牛的卵囊群

红枝腮海牛

　　但要论裙边的美观程度，红枝鳃海牛和树状枝鳃海牛都比不过盘海牛科的物种。海南分布的两种盘海牛 *Platydoris ellioti* 和 *Platydoris speciosa* 外形相似，只是在背、腹面的体色和花纹上有所不同。它们产的卵囊群呈橙黄色，由宽约10毫米的大波浪形卵带围绕而成，更像欧洲中世纪宫廷裙的裙边，非常张扬。这种夸张的大幅度卷曲结构让卵囊群能够最大程度增加与水体的接触面积。海南还分布着另一种较小型的盘海牛科物种 *Jorunna rubescens*，它的身体呈圆筒状，黄白色的底色上布满黑色的条纹和斑块，嗅角鞘外扩，尤其显眼的是位于背部中央高耸的一簇裸鳃，好似正在喷发的火山。它的卵囊群也有着异常夸张且卷曲的裙边，呈粉紫色。运气好的话，在福建厦门的潮间带也能偶遇两种盘海牛科物种。武装盘海牛（*Carminodoris armata*）是较大型的种类，黑褐色的体被密布大小不一的球状疣突是它的特征，它产的卵囊群呈黄色。而另一种小型的东方叉棘海牛（*Rostanga orientalis*）

最罕见，红褐色的身体常覆盖着一层灰色泥土，具有很好的隐蔽性，然而当它将位于背部后方的裸鳃展开时，像一朵红褐色的小梅花盛开在淤泥里，瞬间暴露了行踪。东方叉棘海牛的卵囊群呈暗红色，非常鲜艳。

Platydoris ellioti 的卵囊群

Platydoris speciosa 和卵囊群

Jorunna rubescens 的卵囊群

Jorunna rubescens

武装盘海牛的卵囊群

武装盘海牛

其实，卵囊群折叠程度最高的是车轮海牛科的日本车轮海牛（*Actinocyclus papillatus*）。日本车轮海牛也是海牛家族中的大个子，它的长度可达10厘米以上，但长相奇丑无比，土褐色的背部散布着大小不一的疙瘩，后部的裸鳃形似黑洞，好在它的腹面配色是令人愉悦的紫色。日本车轮海牛的卵囊群是罕见的湖蓝色，也有一些呈土黄色。它在产卵过程中将宽约15毫米的卵带一端黏附在礁石上，而另一端则进行反复折叠，在离水的环境中，这些卵带折叠呈银杏叶形或扇形，里面包裹着排列曲折、绵延不绝的卵，让人不由哼起："这里的山路十八弯……"

潮间带还有一种长相酷似癞蛤蟆的日本石磺海牛（*Homoiodoris japonica*），隶属于仿海牛科。它的背部呈土绿色至灰褐色，布满大大小小的乳头状突起，酷似癞蛤蟆的背部表皮，与腹面的黄色形成了鲜明的反差。我曾在野外仔细观察它的产卵过程。它用腹足前半部将自己附着于礁石边缘的下方，从位于腹面后方的位置伸出产卵器，先将最开始的一部分卵带黏附在礁石上，再悬空缓慢地拉出宽度约为8毫米的"面条"，并围绕着一个圆心逐渐画圈圈折叠，这个过程同样持续数小时甚至大半天。

产卵的日本车轮海牛

日本车轮海牛的卵囊群（湖蓝色）

日本车轮海牛的卵囊群（土黄色）

日本石磺海牛的卵囊群

日本石磺海牛

多角海牛科的物种长相最奇特。它们身上除了突出的嗅角和裸鳃外，还安插了许多枝状突起，这些"枝条"增加了与水体接触的面积，可以让它们从中获取更多的环境信息。常见的多角海牛科的不同种类在身材上有较大差异，其中屋脊鬃毛海牛（*Plocamopherus tilesii*）最大；多枝鬃发海牛（*Kaloplocamus ramosus*）和一种多角海牛属种类（*Polycera sp.*）次之；而另一种鬃发海牛属种类（*Kaloplocamus sp.*）的个头最小。它们的卵囊群在大小和形态上也有明显的差别，屋脊鬃毛海牛的卵囊群最大，卵带胶质感较明显，通常绕1~2圈；多枝鬃发海牛的卵囊群通常仅弯曲而不形成圈；多角海牛属物种的卵囊群通常只有1圈；而最小的鬃发海牛属物种的卵囊群通常为2圈，像一个迷你甜甜圈。

纵观海牛的卵囊群，犹如进入了一个综合"宽面"加工厂，每一种海牛都是一台"宽面"制造机。无论是2毫米的细宽面，还是如"腰带"一般宽的陕西裤带面；稍弯曲的挂面，往复曲折的泡面，还是螺旋的意面；原色原味的白面，加了胡萝卜汁的橙色胡萝卜面，加了蛋黄的蛋面，加了血菜汁的红面，还是加了紫甘蓝汁的湖蓝面，只要想得到的，海牛们都能提供。

屋脊鬃毛海牛和卵囊群

多枝鬃发海牛和卵囊群

海蛞蝓——
繁殖的智慧

　　看过珊瑚礁生态系统纪录片或潜过水的人，一定对海蛞蝓这个名字不陌生。海蛞蝓的贝壳大多都退化或完全退化，就如同陆地上贝壳退化了的蛞蝓一样，同时又生活在海里，因而得名。早期海蛞蝓泛指后鳃亚纲（Opisthobranchia）的软体动物，现在的定义则包括异鳃亚纲（Heterobranchia）直神经下纲（Euthyneura）里的捻螺形群（Acteonimorpha）、裸侧群（Ringipleura）和脊侧群（Tectipleura）三大类群，前文介绍过的海兔和海牛两大家族都属于海蛞蝓。

Trinchesiidae 科一种和卵囊群　黄宇供图

Trinchesiidae 科一种　黄宇供图

海蛞蝓的世界物种繁多、色彩斑斓、习性复杂，有前文介绍过的舞动起来血红妖艳的具有"西班牙舞娘"雅称的血红六鳃；有造型奇特充满剧毒的大西洋海神海蛞蝓；也有同样能进行光合作用但比"叶绿素神偷"叶羊更高明的"基因神偷"绿叶海天牛。它们就如同天上的星星一般，装点着滨海湿地和海洋，增添了无限的生机和神秘。

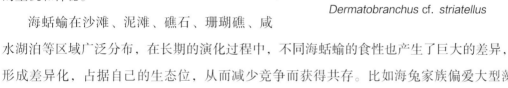

Dermatobranchus cf. *striatellus*

海蛞蝓在沙滩、泥滩、礁石、珊瑚礁、咸水湖泊等区域广泛分布，在长期的演化过程中，不同海蛞蝓的食性也产生了巨大的差异，形成差异化，占据自己的生态位，从而减少竞争而获得共存。比如海兔家族偏爱大型藻类，海牛家族则钟情于动物性食材，而有些海蛞蝓却对丝状绿藻情有独钟。

在海南陵水的潮间带积水区，密布着一层厚厚的丝状绿藻，多蓑海牛科（Aeolidiidae）的*Spurilla neapolitana*藏匿在这片"丝绒森林"中。它们臃肿的身体上密布整齐划一的卷曲状突起，像是被熟练的理发师用卷发棒一一修饰过的满头卷发，又像是一只冬季里毛量充足的绵羊。它们跟海兔一样有两对触角，上方的触角功能和嗅角类似，而下方的一对则细长灵敏，能够更好地探测周围的环境信息，包括路况、危险因素以及食

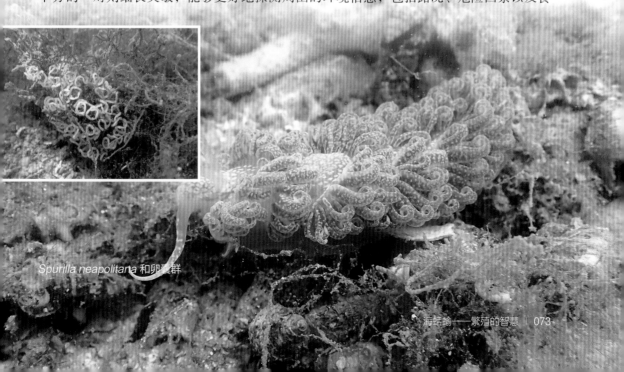

Spurilla neapolitana 和卵囊群

物等。我在丝状绿藻丛里仔细寻觅，发现了不少卵囊群。它们产卵时似乎为了呼应身上的"卷毛发型"，通过不断变化角度将卵带"卷"到底，最终形成一坨卷曲堆叠的卵囊群。细看卵带，呈乳白色，直径约2毫米，每隔一段距离掐腰变细，一节一节的，好像在制作广式腊肠，每一节"腊肠"里都包裹着数百粒卵，如果将一坨卵囊群的卵带完全拉直，至少能达到1米以上，而其中包裹的卵可达十万粒。

类似造型的卵囊群在福建厦门的潮间带也被发现，它们的主人是四枝海牛科（Scyllaeidae）的背苔鳃（*Notobryon wardi*）。通过所属的科名可知，背苔鳃在背部侧面拥有两对椭圆形薄片状突起

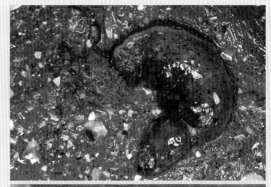

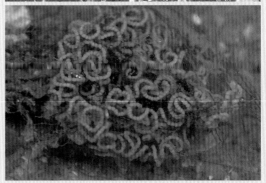

背苔鳃和卵囊群

红棕色的背苔鳃

结构。它们的身材长而臃肿，但却只搭配了一个狭长的腹足，在爬行时与底部接触的面积太小，完全无法支撑身体保持平衡，任意一朵小浪花都能将它们推倒，此时两对薄片状结构就起到了重要的平衡功能。背苔鳃有红棕色和黄褐色两种体色类型，大多数情况下，它们依靠腹足在底面缓慢爬行，寻找偏爱的羽螅等刺胞动物，如果遇到危险或相对长距离的

黄褐色的背苔鳃

移动，它们也会利用竖直扁平呈桨状的尾部通过协调身体的摆动来实现。它们的卵囊群也是由细长的、不断卷曲的卵带构成，呈浅橙色，像一坨油炸泡面，又似被猫咪完全解开的毛线球，透出杂乱无章的美。在卵带的细节上与"广式腊肠"不同，呈现近乎等距离的凹痕，更像一串珍珠项链。

同样钟情羽螅的还有多列鳃科（Facelinidae）的物种。在厦门潮间带分布着一种配色鲜艳的多列鳃（*Phidiana militaris*），它的身体细长，背上布满了橙色描边、带着黄尖的黑色针状突起，像一根细长的狼牙棒。它的卵囊群由直径约1毫米的"粉丝"画圈圈而成，产卵

Phidiana militaris 和卵囊群

过程中卵带略有波动，但不形成夸张的卷曲。

刺胞动物的类群很多，除了羽螅，还包括海葵、海鳃、柳珊瑚、石珊瑚等等，不同的刺胞动物被不同的海蛞蝓觊觎，有些海蛞蝓甚至会在食用刺胞动物果腹的同时，将其中的刺细胞储存于自身消化腺末端的刺丝囊中，作为防御武器。

片鳃科（Arminidae）的许多物种喜欢吃刺胞动物，有些种类甚至养成了极度挑食的毛病，对食物具有绝对的专一性。皮片鳃属的*Dermatobranchus* cf. *striatellus*只分布在低潮线附近礁石下或缝隙中的南湾雪花珊瑚（*Carijoa nanwanensis*）的群落中，它是一种小型的片鳃类，体长不足2厘米，通身呈浅橙色，背部分布近平行的竖直细黑条纹，与同样呈浅橙黄色的南湾雪花珊瑚融为一体，能够很好地隐藏在其中，饿了就啃周围到处遍布的南湾雪花珊瑚。产卵时，它将卵囊群产在南湾雪花珊瑚"枝桠"的末端，卵囊群像短而宽的卷曲的意大利面，同样呈浅橙黄色。另一种与前者大小和身形相似的皮片鳃属物种端点皮片鳃（*Dermatobranchus* cf. *primus*）则寄生在白色的柳珊瑚上，与前者唯一的区别是它的身体颜色是与寄主柳珊瑚相似的白色，而背部具有近平行的竖直灰色宽条纹。端点皮片鳃也将卵囊群产在"食物"柳珊瑚上，卵囊群是与柳珊瑚相似的白色，呈肾状，末端以柄部与柳珊瑚粘连。较大型的片鳃科物种的食物是各种海鳃，比如厦门棍海鳃（*Lituaria amoyensis*）、哈氏仙人掌海鳃（*Cavernularia habereri*）、古斯塔沙箸海鳃（*Virgularia gustaviana*）和东方翼海鳃（*Pteroeides bankanense*）。它们生活在海鳃周围的沙质或泥沙质环境中，扁平呈舌状的身体以及发达的腹足使它们擅长掘沙藏身，饿了就爬出来"嚯嚯"海鳃。它们将卵囊群的一端固定在底质上，这样能够保证卵囊群被潮水淹没时漂浮于海水中获取足够的氧气而又不被水流带走。虎纹片鳃（*Armina tigrina*）的卵囊群呈黄色，由宽约6～8毫米的

产卵中的 *Dermatobranchus* cf. *striatellus* 黄宇供图

端点皮片鳃和卵囊群

虎纹片鳃　钟丹丹供图

虎纹片鳃的卵囊群　钟丹丹供图

狭长片鳃和卵囊群　钟丹丹供图

卵带螺旋式扭转，或弯曲折叠成大波浪裙边；乳突片鳃（*Armina papillata*）的卵囊群造型与虎纹片鳃的相似，但其大波浪状的裙边更加卷曲并进一步弯曲平展，而大波浪卷曲的外缘还形成规律的小波浪，从而呈现为一朵花边完美、层次丰富的绣球花，卵囊群内部包裹的卵带也很有特点，呈非常规律的往复弯曲、折叠；而身材稍小的狭长片鳃（*Armina semperi*）产的卵囊群也较小，且卵带卷曲的程度也较低。

　　2021年香港科学家发现了一种寄生于角孔珊瑚上的海蛞蝓新种，并将其命名为食角孔珊瑚背鳃海蛞蝓（*Phestilla goniophaga*），隶属于Trinchesiidae科。它的背上布满了棕色底色、末端白色的手指状角突，这些角突伪装成珊瑚的触手，可以帮助它隐藏于珊瑚中，让鱼类等捕食者难以发现。食角孔珊瑚背鳃海蛞蝓通常将卵囊群产在珊瑚骨架上，呈鲜艳的橙黄色，由卵带大幅度弯曲扭转而成，看起来像一小片簇生的橙黄色花丛。研究人员在深圳大鹏湾

食角孔珊瑚背鳃海蛞蝓
和卵囊群　黄宇供图

的珊瑚上发现了另一种Trinchesiidae科的物种，它的手指状角突呈黄白色，而产的卵囊群为白色。

Hermaeidae科的*Polybranchia orientalis*是我遇到的最奇特的海蛞蝓，至今仍无法忘怀。几年前我在海南文昌退潮后的珊瑚礁区开展大型底栖动物调查，发现了一只浑身长满小叶片、触角末端开叉的海蛞蝓。它的身体颜色为土黄色，与所处的礁石环境完全一致，若不是一个海浪正好涌入，带动了身上"小叶片"的摆动，我还真的无法拆穿它的"隐身术"。当我伸手将它托起想进行全方位观察时，发现它身上的"小叶片"大面积脱落，伴随着大量黏液，密实地裹满我的手掌，顿时整个手掌黏糊糊的，犹如吃完一整个菠萝蜜后手中的那种黏稠感，而且这些"小叶片"怎么甩也甩不掉，每一片"叶片"在脱离后还会扭动。这种奇特的结构自然有它的妙用。试想，

Polybranchia orientalis

Polybranchia orientalis 的卵囊群

Polybranchia orientalis

星斑侧鳃（右）和卵囊群（左）　洪清漳供图

当它遇到敌害或惊扰时，会将身上的一部分"小叶片"脱落，并分泌大量的黏液，黏液和"小叶片"可以将天敌黏附住，干扰对方视线，或者脱落后扭动的"小叶片"可以吸引天敌的目光，这样它就有更多机会逃跑。它产的卵囊群呈白色，造型类似小枝鳃海牛，只是它在产卵时常常走偏，将卵带覆盖到原来的圈圈上，而无法画出逐步外扩的完美的圈圈。

侧鳃科（Pleurobranchaeidae）星斑侧鳃（*Berthella stellata*）的卵囊群又是另一种独特的造型。它的卵囊群像甜品柜里摆放的透明果冻"甜甜圈"，只是比一圈多绕了一点点，但不足两圈，透过透明的卵囊膜，可以看到它的卵带呈细密的念珠状围绕着卵囊膜不断螺旋排列，这可能是密集恐惧者的噩梦。棍螺科（Limapontiidae）马场棍螺（*Placida babai*）分布于我国北方潮间带，它的卵囊群类型和质感与星斑侧腮相似，也是饱满透明且完全绕圈的"透明果冻甜甜圈"，但它制造的"甜甜圈"要小很多，并且这个"甜品师"看起来经常随意发挥，要么就是只绕了

马场棍螺和卵囊群　王举昊供图

大半圈，好像被咬了一口的"甜甜圈"，要么就是绕上近两圈，没有统一的标准。

海蛞蝓大家族非常庞大，成员众多，生境多样，食物各异，而它们的卵囊群也各具特色。当然，各种类型的卵囊群都是长期演化的结果，都有它们存在的意义。有些通过柄部或一侧黏附在基质上，防止被海水带走；有些通过弯曲折叠扩大与水体接触的表面积从而获取更多的氧气；有些通过加宽的卵带增强在水流中摆动的频率和幅度，除了获得更多的气体交换机会外，还保持了卵囊群外部的洁净；有些直接将卵囊群产在寄主身上，通过同样的配色让卵囊群完美"隐身"，获得更大的孵化可能，未来孵出来的幼体也可以就近找到寄主；大多数卵囊群都包裹保护着数量众多的卵，在外形上还呈现不同程度的"聚拢"倾向……这些所有的外部呈现，都有助于增强海蛞蝓家族后代的成活率，让它们保持种族延续，生生不息。这便是海蛞蝓繁殖的智慧！

乳突片鳃　钟丹丹供图

疑似乳突片鳃的卵囊群　钟丹丹供图

泥螺及其远亲——"吹气球"和"编弹簧"

每年5~8月，在退潮后的淤泥质或泥沙质滩涂上，有机会发现一颗颗呈圆形或近圆形的"气球"，个头大小从乒乓球到网球不等，底下有一根长柄插入泥沙中，起到固定作用，避免被潮水带走。这些"气球"是泥螺（*Bullacta caurina*）的卵囊群，有时它们分散产卵，在泥螺的产地走一步就能遇到一个"气球"；有时它们也聚集产卵，若在潮间带偶遇一大盘"蛋黄"也不用过于惊讶。

泥螺是腹足纲长葡萄螺科（Haminoeidae）的物种，身体呈卵圆形，拖鞋状的头楯大而肥厚，具有一枚无法完全包裹身体的卵圆形薄脆贝壳，通常呈白色或黄白色，表面具细密的刻纹。它的外套膜不发达，但具有发达的侧足。泥螺是典型的潮间带底栖生物，多分布于中、低潮区淤泥质或泥沙质滩涂上，在风浪较小、潮流缓慢的河口或内湾尤其密集，

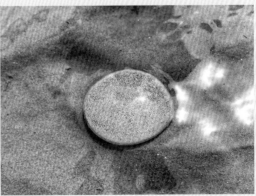

泥螺（左）和卵囊群（右）

长葡萄螺科一种（左）和卵囊群（右）

红树林林外滩涂往往是泥螺理想的栖息地。泥螺在我国沿海均有分布，福建、浙江和江苏等地的产量较多，是当地人传统的海产美食，同时，也为鱼类和鸟类提供了丰富的食物来源。

泥螺俗称"吐铁"。根据明代万历年间《温州府志》记载："吐铁一名泥螺，俗名泥蛳，岁时衔以沙，沙黑似铁至桃花时铁始吐尽"，这段文献描述了泥螺的生境、食物来源、"吐铁"的由来及季节，非常生动。其实泥螺吃的不是沙，它主要摄食泥沙中的底栖硅藻、小型甲壳类、无脊椎动物的卵和有机腐殖质等，这些物质连同一部分泥沙被吃进去，使得半透明的身体呈黑色，好似吃了黑色的"铁"，而无法利用的泥沙则会陆续排出，这便是"吐铁"的由来。在农历三月桃花盛开前，泥螺都在不停地吃吃吐吐，催肥长

扎堆的泥螺卵囊群　钟丹丹供图

含"铁"的泥螺

巴西沙蠋的卵囊群和粪堆

大，因而身体里一直保有"铁"呈黑色，直到桃花盛开时，泥螺的育肥过程进入尾声，它们会逐渐将身体里的泥沙吐尽，此时的泥螺最为肥美，品质最佳，被人们称为"桃花泥螺"。其实到了"桃花泥螺"阶段，泥螺已经基本完成了营养生长的过程，不再专心于吃吃喝喝，而转入螺生另一个更重要的阶段，进行生殖生长，延续种族的繁衍。每年的5~6月是泥螺繁殖的高峰期，它们将积蓄的绝大部分营养和能量用于交配和产卵（排精）。泥螺在产卵时会像吹"气球"一样制造一个比自己身体大许多倍的透明胶质卵囊，卵囊里充满胶质填充物，并往其中产入数千枚甚至上万枚卵，通过透明的卵囊膜，清晰可见里面散布的黄白色的卵。排完卵后，泥螺会边潜入泥沙边产出一个胶质柄，随着泥螺潜入泥沙中，卵囊柄也就固着住了，整个过程约1小时。通常它们会选择略有积水的区域产卵，这样可以防止退潮时卵囊因离水而被烈日暴晒，当然，更重要的防晒措施是卵囊膜里包裹着的富含水分的胶质物体。泥螺为了繁育后代真是煞费苦心。

除了泥螺产卵时喜欢吹"气球"，部分环节动物门多毛纲的物种也在产卵时吹"气球"，最知名的代表就是巴西沙蠋（*Arenicola brasiliensis*）。巴西沙蠋常年躲在沙滩里，很难见到它的真容，但如果了解它的习性，就可以通过观察漏斗形的洞口进行定位。巴西沙蠋以沙子中的小型生物和有机碎屑为食，但要吃饱并不是件容易的事，它需要吞进大量的沙子从中过滤出可食用的物质，然后将剩下的沙子以条状物的形式排出体外，由于排出

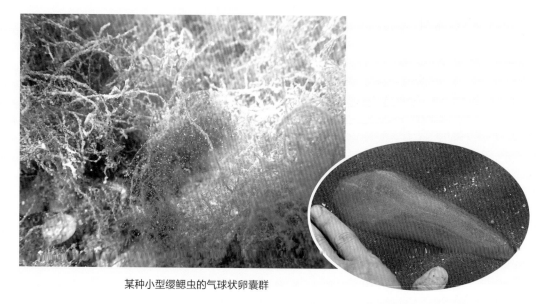

某种小型缨鳃虫的气球状卵囊群

巴西沙蠋的布袋状卵囊群

的沙子量太大，在沙面上形成了一个巨大的"粪山"，此时，我们通过粪山的位置也能大致判断巴西沙蠋的藏身之处。到了繁殖季节，巴西沙蠋就开始"吹气球"。它的卵囊比泥螺的气球大多了，最长可达20厘米以上，呈布袋状，以柄部插入沙滩中固定。透明的卵囊膜里包裹着数万枚卵。当潮水淹没时，这些卵囊会在水中竖直悬浮，随着水流而摆动，像一个个升起的热气球。在海南陵水潮间带的丝状绿藻丛里，我发现了另一种"气球"，这可能是某种小型缨鳃虫（Sabellidae und.）产的卵囊，同样是用一个球状的卵囊膜包裹保护着里面数量众多的棕色的卵。

　　珠光月华螺（*Haminoea margaritoides*）是泥螺的亲戚，也属于长葡萄螺科的成员。它的外形和生境与泥螺相似，但贝壳上的刻纹细节与后者有差异，这是仅从壳来区别两者的重要鉴定依据。此外，珠光月华螺的肉体颜色也与泥螺不同，通常呈墨绿色或暗黄绿色。珠光月华螺在产卵时吹的是"长气球"，有时"长气球"还会绕圈。它的卵囊群呈黄褐色，与栖息地底质的颜色相近，外层为透明卵囊膜，里面的卵犹

交配中的珠光月华螺

产卵中的珠光月华螺

珠光月华螺和卵囊群

如一圈圈细珠链般紧贴卵囊膜内壁从一侧向另一侧螺旋延伸。其实长葡萄螺科物种的卵囊群大多像珠光月华螺一样是"长气球"，而泥螺的"圆气球"在家族中显得个性十足。厦门潮间带分布的另一种长葡萄螺科物种（Haminoeidae und.）产的是一端固定在底质中的黄色"长气球"，当潮水退干时，这个"气球"就瘪了，贴在滩涂上，当潮水再次上涨时，"气球"逐渐充盈，并随着水位上升而逐渐抬升，最终在海水中呈现相对竖立的悬浮状态，在波浪中轻盈摆动，清洁卵囊群的同时获取足够的气体，有助于卵的发育。这根黄色"长气球"从干瘪到逐步抬升再到最终竖立摆动的过程让我想到了酒店或商场做活动时，门口常出现的巨形"气球人"，在大功率鼓风机的加持下，"气球人"从干瘪到充盈、再到弯腰并竖立起来，最终长长的身体和两只手臂在空中不停地舞动。

两栖螺科（Amphibolidae）的泷岩两栖螺（*Lactiforis takii*）是广布于红树林区的另一种捻螺形群物种，它们喜欢群居，常常十来个聚在一起，像是在开家庭会议。早年我在厦门

泷岩两栖螺的卵囊群呈圆环形

误以为正在产卵的泷岩两栖螺

大屿岛记录到两只泷岩两栖螺在半圆形的
物体上爬行，当时我对卵囊群一无所知，
因而这张照片被雪藏在硬盘里许多年。最
近两三年我开始记录并研究卵囊群，才从
硬盘里翻出了这张照片，开始甄别相关信
息。第一眼看过去，我误以为这是两只泷
岩两栖螺在同时产卵，而底下的黄色半圆
形物体是它们产的卵囊群。随着研究的深

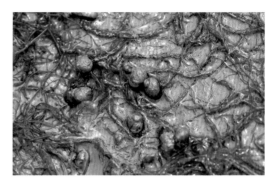

泷岩两栖螺喜欢群居

入，信息越来越多，真相也愈发接近。其实照片里半圆形的卵囊群是长葡萄螺科物种产
的，并非泷岩两栖螺的杰作。那分布这么广、数量如此庞大的泷岩两栖螺到底如何繁殖
呢？功夫不负有心人。2021年底，我在海南儋州的红树林区找到了答案。泷岩两栖螺产的
卵囊群由宽度与螺口大小相当的卵带包裹泥沙组成，它也是"画圈圈"产卵，通常刚好绕
一圈，形成一个较完美的圆环。

　　泥螺所在的长葡萄螺科归属于捻螺形群，也就是目前广义的海蛞蝓之一。捻螺形群的
物种具有共同的特征：具外壳、软体发达且宽于体壳，可以理解为具外壳的海蛞蝓。顺着
捻螺形群分类阶元的线索，我发现捻螺科（Acteonidae）、三叉螺科（Cylichnidae）、两栖
螺科和饰纹螺科（Aplustridae）等物种都属于广义的海蛞蝓。

　　三叉螺科的婆罗囊螺（*Semiretusa borneensis*）与泥螺的生境相似，但它的个头比泥螺
小很多，身体呈长圆筒形。由于生境多泥，它的身上常常裹满了泥浆，这也是很好的伪

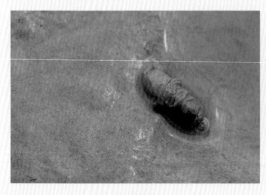

婆罗囊螺

婆罗囊螺和麻花状卵囊群（左）

装。有一次我在一个积水洼里发现了好几只伪装得很好的婆罗囊螺，要不是它们在爬动，我根本无法发现，于是我蹲下来认真观察它们的行为。在沉底的一大堆细短条状便便里，我发现了一根"小麻花"，其实说小也不小，对于婆罗囊螺而言，这根比它身体还长的"麻花"已是巨型"麻花"了。由于潮间带未知的秘密太多，当时我对"麻花"的初步判断可能是某种底栖动物的便便，并没有与婆罗囊螺挂钩。后来，我在厦门潮间带发现了捻螺形群捻螺科黑纹斑捻螺（*Punctacteon yamamurae*）的卵囊群，这才恍然大悟，原来这根"小麻花"是婆罗囊螺的卵囊群。

黑纹斑捻螺产的卵囊群和婆罗囊螺一样都是麻花状，不过黑纹斑捻螺的"麻花"更长，更像一根油条。无论是"麻花"还是"油条"，它们的卵囊群都呈"弹簧"状，具有一定的弹性。黑纹斑捻螺产卵时，将产出的卵以胶状物质包裹，并不断螺旋转圈，使卵囊群成为"弹簧"状，在末端制作一个细长的柄黏住底质中的沙粒，起到固定的作用。新鲜卵囊群的胶质呈透明状，里面包裹的黄白色卵清晰可见，经过一段时间的发育，卵囊群变成灰褐色，而里面的卵也发育成了包裹着黑点的灰白色圆球。"弹簧"状结构的卵囊群在涨、退潮时水流湍急的潮间带是非常有意思的发明。当退潮时，水流将卵囊群往海里带，水动力不断增强，卵囊群的"弹簧"结

正在产卵的黑纹斑捻螺　吕屹峰供图

黑纹斑捻螺

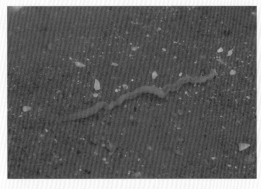

新鲜的黑纹斑捻螺卵囊群呈黄白色，随着水流，完全舒展开来

发育一段时间后的黑纹斑捻螺卵囊群呈灰褐色

构被拉伸并延展呈一条直线，这样减少了阻力并降低了被潮水带走的概率，同时完全舒展开的卵囊群也增加了和水体接触的面积，获得充分的清洁和气体交换；当水动力降低时，卵囊群依靠"弹簧"结构的弹力回缩复原，将成为捕食者盘中餐的目标缩小，获得更大的孵化概率。当海水上涨时，卵囊群也顺着水流往岸上的方向延伸，继续发挥"弹簧"结构的作用。

　　与黑纹斑捻螺类似的"弹簧"结构卵囊群我在海南陵水的潮间带也发现过，它的主人将卵囊群黏在了海胆身上，这是一个更大胆的创意，因为卵囊群不仅可以跟随海胆的移动增加了清洁和气体交换的机会，同时有了海胆的保护也增加了孵化概率。只可惜，我在海胆周围没有发现有价值的线索，至今还不知道它的主人到底是哪种捻螺形群物种。

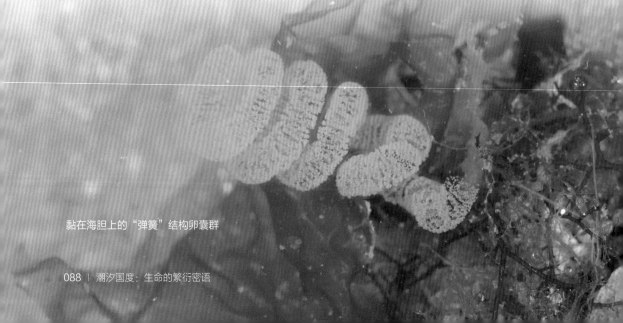

黏在海胆上的"弹簧"结构卵囊群

黑带泡螺

　　饰纹螺科的黑带泡螺（*Hydatina zonata*）以多毛类为食，喜欢在夜间活动，平时生活在潮下带，繁殖季节才爬到潮间带产卵。黑带泡螺的卵囊群更复杂，它在产卵时也会将卵带做类似"弹簧"的螺旋状旋转，具有一定的弹性，在此基础上，将卵带不断翻转折叠，形成漂亮的裙边，最后也是利用一根长柄固定于沙子里。黑带泡螺的卵囊群与前文介绍过的中大型片鳃科种类的卵囊群更相似，螺旋状旋转的弹力加上折叠裙边结构，其实就是在有限的"育儿房"里同时解决成员众多、及时清洁、气体交换、缩小目标和迎合水流等问题，充分体现了贝类繁殖的智慧。

产卵中的黑带泡螺

黑带泡螺的卵囊群

梭螺——
与寄主协同进化

　　说起福建厦门，人们脑子里立马蹦出的关键词有"鼓浪屿""经济特区""国际花园城市""鹭岛"等；干净的街道、悠闲的鼓浪屿、浪漫的环岛路、美丽的沙滩、古早味的第八市场都让人留下了深刻的印象；而白鹭、凤凰木、三角梅、中华白海豚、文昌鱼、栗喉蜂虎，这些都是明星物种。但是很少有人知道，在被潮汐周而复始影响着的潮间带，还有丰富的生物多样性和精彩纷呈的故事。

　　位于台湾海峡西岸的厦门，受母亲河九龙江、黑潮支梢和南海暖水以及我国台湾西岸入海径流的多重影响，海域水体内拥有大量无机盐和有机物，为许多海洋生物提供了丰富的食物来源。早在2006年，科学家们总结了自达尔文时代至2006年期间100多年来在厦门湾所记录的物种共5713种，其中的很大一部分生物分布于潮间带，物种之丰富远超人们的想象。

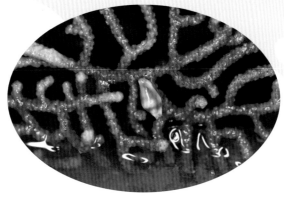

橙白相间的细纹凹梭螺（寄生紧绒柳珊瑚）

但最让我惊讶的是，厦门海岸带居然还有大量的珊瑚资源，尤其是长得像树枝或柳条的柳珊瑚。柳珊瑚分布于潮间带低潮线附近至潮下带，因此，日常退潮时柳珊瑚通常被淹没在水里，无法显露，只有在天文大潮期的退潮，才有机会目睹柳珊瑚的真面目。我与柳珊瑚的第一次相遇，是在几年前到厦门一个未对外开放的海岛上开展潮间带生物多样性调查。当天是天文大潮，我在一片积水洼里寻找生物，发现了一些白色和橙黄色的树枝状柳珊瑚，有些柳珊瑚上趴着几只小型的具有橘黄色条纹的锦疣蛇尾。后来，我又选择在天文大潮期间陆续踏足其他的无居民海岛，发现这些较少受到人为干扰的无居民海岛简直就是柳珊瑚等海洋生物的天堂，有些区域的礁石缝或砾石堆里柳珊瑚成群结队，形成一整片"柳珊瑚花园"。

厦门柳珊瑚种类众多，在低潮线附近分布的常见种有桂山希氏柳珊瑚（*Hicksonella guishanensis*）、细鞭柳珊瑚（*Ellisella gracilis*）、滑鞭柳珊瑚（*Ellisella laevis*）、直立真丛柳珊瑚（*Euplexaura erecta*）、紧绒柳珊瑚（*Villogorgia compressa*）、网状软柳珊瑚（*Annella reticulata*）等，此外，还有一些五颜六色的棘软珊瑚科物种，比如巨大多棘软珊瑚（*Dendronephthya gigantea*）。

挂满糖果的圣诞树：神圣骗梭螺

在第一次与柳珊瑚相遇的海岛资源调查中，我还发现有些柳珊瑚上具有"突起"，布满了紫色、黄色和黑色等各种颜色的斑点，好像挂满糖果的圣诞树。当我用手轻轻一碰，"突起"居然变成了纯白色。原来，这是一只白色的长得像梭子似的梭螺，皎洁如玉的腹足，挂满紫色、黄色和黑色小圆点的"外套"，搭配圆唇肥嘴和呆萌小眼神，简直美呆了！

梭螺是梭螺科（Ovulidae）物种的统称，是一类造型独特、惹人喜爱的小型贝类。它们广泛分布于热带和亚热带暖海区，只有极少数种类分布于温带。它们生活的水深跨度极大，从潮间带到超过1000米的深海均有记录。但千万别被梭螺漂亮可爱且略愚蠢的外表所迷惑，梭螺可不是吃素的。梭螺主要营体外寄生生活，终生生活在软珊瑚或柳珊瑚等类群的体表或附近区域，以寄主的水螅体、分泌物以及寄主体表的其他生物（如海绵或小型棘皮动物）为食。我曾亲眼看到一只短喙骗梭螺（*Phenacovolva brevirostris*）在寄主滑鞭柳珊瑚身上大快朵颐的过程。它用嘴啃破柳珊瑚的表层，再通过外套膜和腹足的协作，将表层撕裂，然后边撕边卷边吃。透过半透明的贝壳，还隐约可见壳内有柳珊瑚表层的轮廓和颜色。

不同种类的梭螺对寄主的选择充分体现了多样性。有些梭螺很专一，比如昆士兰尖梭螺（*Cuspivolva queenslandica*）只寄生在细鞭柳珊瑚上；而有些梭螺却拥有多种寄主，比如玫瑰履螺（*Sandalia triticea*），在滑鞭柳珊瑚、美丽扇柳珊瑚（*Melithaea formosa*）甚至巨大多棘软珊瑚都能寄生。为了适应寄生于柳珊瑚和软珊瑚上的生活，梭螺也演化出了各自的本领。它们的腹足非常发达，利用腹足牢牢抱紧寄主，从而避免被大浪和激流从寄主身上带走。此外，更重要的是它们拥有"隐身术"。

萌萌的短喙骗梭螺

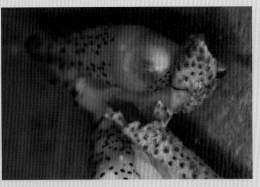

短喙骗梭螺　　　　　　　　　　　正在吃柳珊瑚的短喙骗梭螺

　　不同种的柳珊瑚和软珊瑚的颜色和花纹不同，甚至同一种柳珊瑚和软珊瑚的颜色和花纹也存在差异，比如滑鞭柳珊瑚，有白色的、黄色的、橙色的、红色的、紫色的，五彩斑斓，巧妙地点缀着海岸线。有趣的是，寄生在这些寄主上的梭螺外壳的颜色都与寄主颜色相似。比如白色的滑鞭柳珊瑚上，寄生着白色贝壳的神圣骗梭螺（*Phenacovolva* cf. *nectarea*）、豹纹凹梭螺（*Crenavolva leopardus*）、美丽尖梭螺（*Cuspivolva formosa*）和玫瑰履螺；橙黄色的滑鞭柳珊瑚上寄生着橙黄色外壳的短喙骗梭螺；紫色的细鞭柳珊瑚上寄生着紫色外壳的昆士兰

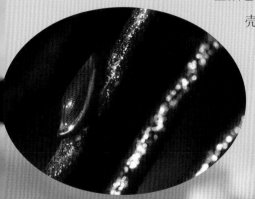

紫色的昆士兰尖梭螺（寄生细鞭柳珊瑚）

橙黄色的斑得米梭螺（寄生柯氏多棘软珊瑚）

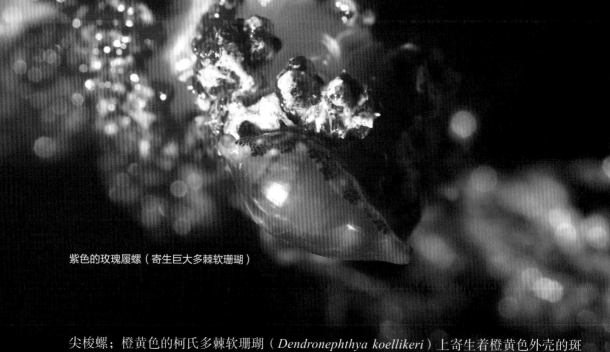

紫色的玫瑰履螺（寄生巨大多棘软珊瑚）

尖梭螺；橙黄色的柯氏多棘软珊瑚（*Dendronephthya koellikeri*）上寄生着橙黄色外壳的斑
得米梭螺（*Diminovula punctata*）；紫色的巨大多棘软珊瑚上寄生着紫色的小营得米梭螺
（*Diminovula kosugei*）。作为博爱的代表，玫瑰履螺的寄主很多，寄生在白色的滑鞭柳珊
瑚上的个体外壳呈白色，寄生在红色的美丽扇柳珊瑚上的个体呈红色，而寄生在紫色的巨
大多棘软珊瑚上的个体就呈紫色。

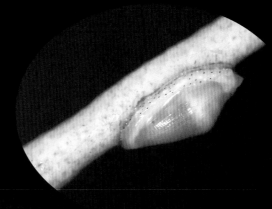

与寄主柳珊瑚"合二为一"的豹纹凹梭螺

与寄主柳珊瑚"合二为一"的豹纹凹梭螺

红色的玫瑰履螺（寄生美丽扇柳珊瑚）

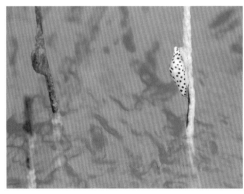

美丽尖梭螺（寄生滑鞭柳珊瑚）

除了贝壳颜色与寄主相似外，有些梭螺的外套膜斑纹也会模拟寄主的花纹。之前提到的挂满糖果的"外套"其实就是梭螺的外套膜。外套膜对于软体动物而言异常重要，除可分泌贝壳、珍珠外，还能辅助摄食、呼吸、排泄、生殖和运动。梭螺只有在觉察周围环境安全，且自身异常放松的时候，才会完全将外套膜舒展开来，逐步包裹贝壳，直至完全覆盖，让人产生

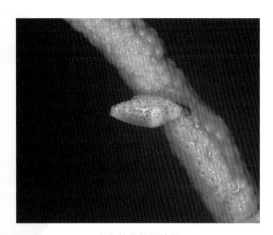

白色的豹纹凹梭螺

豹纹凹梭螺漂亮的外套膜

梭螺漂亮的外套膜，
分别为玫瑰履螺（左）、
短喙骗梭螺（中）、
美丽尖梭螺（右）

"贝壳上自带花纹"的错觉。当察觉有危险时，它会将外套膜迅速回收，连同柔软的身体统统藏进贝壳中。以寄生在巨大多棘软珊瑚上的小菅得米梭螺为例，除了其外壳与寄主一样都呈紫色外，它的外套膜上还布满了深紫色的椭圆形斑块，从而更好地模拟寄主的斑纹。梭螺外套膜的颜色绚丽多彩，并随着栖息环境或寄主的颜色不同而变化，从而起到隐藏和逃避敌害的作用，这是与寄主协同进化的典型案例。

梭螺在产卵前会先将寄主部分区域啃平吃干净，营造一个适合卵囊群黏附的平整产卵场，随后再进行数小时的产卵。短喙骗梭螺产卵时沿着被啃光的滑鞭柳珊瑚"枝条"，边产卵边移动，形成一串半透明的珍珠链子，又像一串"糖葫芦"。每一串"糖葫芦"由十几个到三十多个不等的卵囊组成，每个卵囊内散布着上百颗卵。当啃光的"枝干"一侧产满时，它会换一个角度继续沿着"枝干"的另一侧笔直地制造下一串"糖葫芦"，直到把各个角度裸露的"枝干"填满为止。如果裸露的区域不足，它还会继续啃食从而空出足够的产卵区域，直到将近百颗卵囊产完为止。小菅得米梭螺产卵前与短喙骗梭螺具有同样的行为，它也会先将寄主巨大多棘软珊瑚的一个区域啃平，整理成产卵区域，随后依次产下一颗颗近圆形的卵囊。这些卵囊在产卵区域内一颗挨着一颗，排列紧密，每一颗卵囊里都包含着上百颗黄色的卵。

产卵中的短喙骗梭螺　钟丹丹供图

产卵中的短喙骗梭螺　郭翔供图

　　截至2011年，全球已报道的梭螺科种类共46属超过270种，其中我国沿海共记录梭螺科动物30属71种，在潮间带常见的有美丽尖梭螺、短喙骗梭螺、神圣骗梭螺、玫瑰履螺、昆士兰尖梭螺、细纹凹梭螺（*Crenavolva striatula*）、豹纹凹梭螺、斑得米梭螺、小菅得米梭螺等。2022年，我们在厦门潮间带发现并报道了一种寄生在滑鞭柳珊瑚上的尖梭螺属（*Cuspivolva*）中国新记录种——武装尖梭螺（*Cuspivolva bellica*），该新记录的发现与报道，进一步丰富了我国梭螺科的物种多样性。

小菅得米梭螺

产卵中的小菅得米梭螺　王举昊供图

汇螺科——
贝类圈里的红树林爱好者

　　在潮间带红树林生态系统中，有不少偏爱或者专一栖息于红树林区的贝类，我称它们为"贝类圈里的红树林爱好者"，比如已经介绍过的耳螺科物种，还有本文的主角——汇螺科（Potamididae）物种。在中国的红树林区，常见的汇螺科种类有：麦氏拟蟹守螺（*Cerithidea moerchii*）、亚洲塔蟹守螺（*Pirenella asiatica*）、小翼塔蟹守螺（*Pirenella microptera*）、尖锥蟹守螺（*Cerithideopsis largillierti*）、蔡氏塔蟹守螺（*Pirenella caiyingyai*）、东京拟蟹守螺（*Cerithidea tonkiniana*）、中华拟蟹守螺（*Cerithidea sinensis*）、望远蟹守螺（*Telescopium telescopium*）和沟纹笋光螺（*Terebralia sulcata*）等，它们有些生活在红树林周围的光滩上，有些生活在红树林林内遮阴处的积水坑里，有些却喜欢爬到红树植物的树干上。

东京拟蟹守螺（左）、麦氏拟蟹守螺（中）、望远蟹守螺（右）

栖息于红树林积水坑里的望远蟹守螺　　　　栖息于红树林树荫下的望远蟹守螺

汇螺科物种中最具代表性的"红树林爱好者"当属红树拟蟹守螺，它是少数几种中文正名直接以"红树"冠名的贝类，是一种"名副其实"的红树林贝类，虽然现在已更名为麦氏拟蟹守螺，但我仍喜欢更为形象的红树拟蟹守螺这个名字。麦氏拟蟹守螺与汇螺科家族的其他成员一样，体呈长锥形，但壳顶常被腐蚀而缺失。它的壳表密布由纵肋和横肋交织而成的颗粒状突起，宛如缠满了白色、黑色、棕色、灰色等各色串珠，素雅中透露着生命的沧桑。

麦氏拟蟹守螺主要分布于潮间带高潮区滩涂，常聚群栖息于沉积物表面或攀爬于红树植物树干基部和呼吸根上，如果周围没有红树植物，它们也会攀附到互花米草或石块等高出于滩涂表面的物体上。它们为什么会有"登高"的习性呢？

为了揭开麦氏拟蟹守螺的秘密，十几年前我和同学曾在海南文昌的红树林里认真观察和研究它们。野外观察发现，麦氏拟蟹守螺会随着潮水涨退而有垂直攀爬红树植物或其他高出滩涂表面物体的行为。当退潮时，麦氏拟蟹守螺爬到地表觅食；

树上的麦氏拟蟹守螺

而涨潮时，它们就开始"登高"，爬到红树植物等物体上"躲避潮水"。"躲避潮水"的行为有三种可能：第一种可能是它们怕海水，比如陆地上的蜗牛，无法在海水中生活；第二种可能是它们为了获取食物，但后续通过稳定同位素研究发现它们虽然会吃树皮上的大型藻类，但沉积物中的有机碎屑是主要的食物来源；第三种可能是为了躲避水中潜在的捕食者。利用排除法，通过野外观察和室内模拟实验发现，麦氏拟蟹守螺"登高"很显然是为了躲避水中潜在的天敌。退潮时，并非所有的麦氏拟蟹守螺都爬到滩涂表面觅食，有些特别懒的或者已经吃饱的麦氏拟蟹守螺就继续留在树干上，它们利用分泌的黏液将口盖（厣）暂时闭合密封，躲在贝壳里降低代谢和能量损耗，并将壳口外缘与树干接触的部分黏合，"挂在"树干上，减少水分散失。在麦氏拟蟹守螺栖息密度高的区域，有时一株树干上就会挂满几十颗。

望远蟹守螺是汇螺科"红树林爱好者"里体型最大的物种，有些个体的长度可达10厘米，整体呈尖塔形，螺层约15层，外形酷似大航海时代探险家们钟爱的单筒望远镜（telescope），以至于当年林奈在给它命名时不仅仅种加词是望远镜，连属名也是。人们在认识新事物时，常常用已有的事物作为描述和比较的基础，这种"象形"式认知新事物的方式，也常见于软体动物物种的命名和描述中。望远蟹守螺正是一个"象形"式的物种。

望远蟹守螺是一种典型的红树林软体动物，广泛分布于菲律宾、泰国、印度等东南亚国家有淡水注入

泰国当地人食用望远蟹守螺

的红树林高潮区，在中国大陆和台湾也有分布。虽然日本只有死壳记录，但说明在标本采集地现在或曾经有红树林分布。

我曾在印度和泰国的红树林区发现大量的望远蟹守螺。它们喜群居，大量聚集在红树植物根系附近的树荫下或保有积水的浅坑和潮沟附近。文献记录广东湛江硇洲岛分布有望远蟹守螺，2022年底居住在硇洲岛的朋友发来一张在岛上捡到的贝壳请我帮忙鉴定，这就是一颗望远蟹守螺的死壳。我虽从未去过硇洲岛，但依据望远蟹守螺的栖息环境可推测硇洲分布有红树林，事实上岛上确实分布着红树林。早在2007年我便开始寻找这种与红树林

息息相关的软体动物在国内的踪迹，遗憾的是，仅仅在海南文昌红树林周边一些鱼塘的塘基上发现了大量死壳。二十世纪八九十年代，当地大规模发展围塘养殖，砍伐红树林并就地取土修筑鱼塘，大量埋在滩涂里的死壳被翻了出来。虽然当时的野外调查没有发现望远蟹守螺活体，但通过塘基发现的大量死壳可以确定当地红树林曾分布有望远蟹守螺，并且数量巨大，至少还有一丝希望。功夫不负有心人，2008年我终于在文昌的另一片红树林中发现了望远蟹守螺活体的身影，显然，它们还是更喜欢红树林里阴凉且有积水的区域，只是这个种群很小，不足10个，而遍寻整片红树林，再未找到其他的种群。

红树林区的汇螺科物种不仅种类多，而且数量庞大，但在过往上百次的红树林野外调查中，我从未观察到它们的繁殖行为。它们到底如何繁殖？卵囊群长什么样？相关的文献资料匮乏，看来只能靠自己探索。2021年底，我在海南海口迈雅河红树林区开展大型底栖动物调查时，发现这里的东京拟蟹守螺很多，正当我钻进林子准备挖样方时，发现积水的滩涂上也趴着很多东京拟蟹守螺，

产卵中的东京拟蟹守螺

有一只下面压着一圈"蚊香"，原来它正在"画圈圈"产卵。它的卵囊群像迷你小蚊香，卵带粗细似线面，表面裹满了泥巴。如果不是撞到现形，哪怕发现了卵囊群，也很难与东京拟蟹守螺挂钩。真是得来全不费功夫！同一科的软体动物通常繁殖行为和产卵方式相近，卵囊群的造型也相似，因而，发现了东京拟蟹守螺的产卵方式和卵囊，便可以大致窥见汇螺科其他物种的秘密，离找到具体的答案也不远了。

产量这么大的类群，符合食用的基本要素，早在两千年前的南越王，已经好上这一口了，他的墓里出土了不少的沟纹笋光螺。沟纹笋光螺的个头在汇螺科物种里属于中等大小，出肉率较高，现今在海南的少数地方，还有食用的记录。

麦氏拟蟹守螺的产量同样巨大，但在此前的文献记录和实地调研中，我并没有找到相关的食用案例。一种可能是螺的个头较小，出肉率少，还要花大量时间挨个敲尾巴处理太麻烦了，而可供选择的个头大且易加工的贝类很多，因而不被食用。但这种可能性很快就排除了，因为在我国台湾的夜市里，著名的"烧酒海蜷"主要以外形和大小相似甚至更小

的滩栖螺科的纵带滩栖螺加工而成。那只有另一种可能，就是麦氏拟蟹守螺的肉不好吃，或者有毒。因此，很长一段时间里，我都以为麦氏拟蟹守螺不好吃或不能吃。

在海南文昌做麦氏拟蟹守螺野外研究期间，我意外发现当地村民在红树林里采集麦氏拟蟹守螺食用。当地麦氏拟蟹守螺数量众多，集中攀附于高潮区的红树植物树干基部，徒手即可采集，在树干上一抓一大把，不到一个小时时间，村民已装满了大半筐。麦氏拟蟹守螺这类软体动物，只要保护好栖息地，其种群数量并不会因为适度的人为采集利用而衰退。但我也不提倡类似文昌村民这种"扫荡式"的搜刮行为，只有适时适量采集，保持种群数量的稳定，才能达到可持续利用的目的。

海南当地村民采集麦氏拟蟹守螺食用

最近几年，一种仅分布于国外的汇螺科物种在国内菜市场大量出现，尤其是福建和广西等地的市场和餐厅里常能看到。这也是一种典型的红树林贝类——钝拟蟹守螺（*Cerithidea obtusa*），它的外形与麦氏拟蟹守螺相似，只是个头大了不少。钝拟蟹守螺主要分布于东南亚的红树林区，也分布于东非和红海的红树林区。我曾在孟加拉国、印度、马来西亚、越南的红树林里发现其行踪。钝拟蟹守螺的壳顶常磨损，成熟的个体基本都是"断

钝拟蟹守螺

尾"的，壳体厚重，肉红色。整体外形像粗短的"牛尾"，因此福建莆田人给它起了个俗名："牛尾螺"。

作为汇螺科家族个头最大的种类，望远蟹守螺具有最大的食用潜力。望远蟹守螺确实可食用，但在中国尚未见食用报道。在印度孙德尔本斯国家公园，随处可见礁石和树根上附着大量牡蛎，但奇怪的是当地人连这么丰富的资源都不利用，他们只吃两种贝类，一种是福寿螺，另一种便是望远蟹守螺。在泰国的红树林区，当地人也采集望远蟹守螺食用。印度和泰国食用望远蟹守螺的方法相似，都是将尾部敲断，辅以当地特有的辣椒和香料煮熟便可食用。

给出了望远蟹守螺死壳的鉴定结果后，我嘱咐硇洲岛的朋友抽空多去岛上的红树林区找一找，看看是否还有望远蟹守螺的活体种群。在东南亚的红树林区，望远蟹守螺分布广泛，数量众多，即便成为被采捕和食用的主要对象，仍能保持稳定的种群数量。然而在国内，遍寻不到其踪迹，濒临灭绝。物种的保护离不开栖息地的保护，特别是类似望远蟹守螺这类"特有物种"，红树林的过度利用和破坏，导致望远蟹守螺的栖息地碎片化甚至消失，即便是拥有高繁殖力的"R对策者"，也难逃灭绝的命运，值得我们深思。

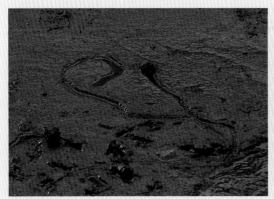

望远蟹守螺

望远蟹守螺死壳

织纹螺——
忠实的"海岸清洁工"

由于织纹螺可能含有贝类毒素，食用存在中毒风险，每年4~9月，沿海地区各地的市场监督、食品安全、渔业等相关部门都会密集发布关于织纹螺食品安全警示，生产或经营织纹螺及相关料理属于违法行为。

作为福建莆田人，儿时织纹螺是我们家餐桌上应季的食材，尤其在端午节前后，织纹螺最肥美。在莆田方言里，织纹螺被称为"白螺"（音译）。小时候我一直搞不明白为什么螺壳上卷着黑色和棕色螺带、有些甚至黑不溜秋的织纹螺被称为"白螺"，后来我才发现，其实正确的音译应该是"麦螺"，因为福建常见的织纹螺通常在麦子成熟的季节上市，此时的织纹螺产量大，也最好吃。在莆田话里，"麦"和"白"的发音相同，因而容易混淆。长久以来，莆田人都有吃织纹螺的传统，这甚至成了过端午节必备的一个习俗。莆田的端午节称为"五日节"，就是要连着过5天，每天做不重样的事情。我还记得小时候长辈教的端午节儿歌，"初一糕、初二粽、初三螺、初四艾、初五爬龙舟、初六嘴觖觖"，其中初三必吃的"螺"，便是织纹螺。

小时候最常被食用的织纹螺是半褶

方格织纹螺

织纹螺（*Nassarius sinarum*）和秀长织纹螺（*Nassarius foveolatus*）。织纹螺料理的前期准备工作非常繁琐，需要将静养吐完泥沙再洗净的织纹螺——用剪刀剪掉螺壳的尾部，再清洗干净，才能下锅。由于它们个头太小，含肉量十分有限，而且食用时需要靠嘴里的巧劲吮吸，才能享用到美食，因而一门技术活，需要从小训练。有时一盘织纹螺里会混进去几颗秀丽织纹螺（*Nassarius festivus*），在清洗、剪尾、食用时应加以甄别，因为秀丽织纹螺的螺壳形状和壳表的雕刻与半褶织纹螺和秀长织纹螺有较明显的差异，否则误食到一颗，就会满嘴充满苦味。

童年时，偶尔也听说过一些食用织纹螺中毒的案例，通常与当地发生赤潮的时段挂钩，但当年类似的案例很有限。如果发生赤潮，相关部门都会发布警示，再通过社会面的口口相传，那么在那段时间，家里的餐桌上也不会出现织纹螺的身影。如今，由于生境变迁、气候变化、环境污染、赤潮频发等原因，织纹螺已不再是安全的、可食用的贝类，在莆田人的餐桌上也很少出现了，端午节的"初三螺"也换成了玉螺、东风螺等种类。

食用织纹螺为什么会有中毒风险？因为部分织纹螺可能含有贝类毒素和河豚毒素，误食一定剂量的毒素会引发中毒，严重时可能威胁生命。其实织纹螺本身并不含毒素，它们的毒素都是从食物中获取并富集的，称为"获得性毒素"，其中贝类毒素由有毒的单细胞藻类制造，河豚毒素则由海洋中无处不在的细菌生成。贝类毒素又可分为神经性贝类毒素、麻痹性贝类毒素、腹泻性贝类毒素和健忘性贝类毒素，误食后所表现的中毒症状也不同。

织纹螺是杂食性动物，它们的食谱比较杂，包括会产生贝类毒素的单细胞藻类，但它们最钟爱的还是动物尸体（腐食）。织纹螺日常都躲在泥沙中，仅将长长的吻部伸出表

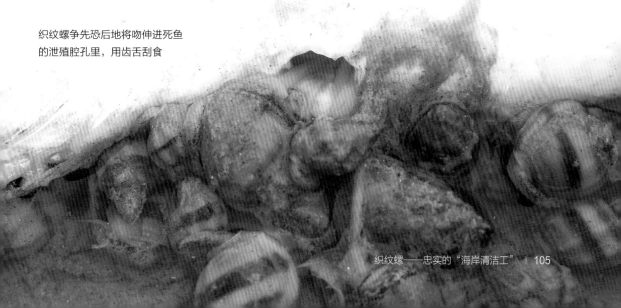

织纹螺争先恐后地将吻伸进死鱼
的泄殖腔孔里，用齿舌刮食

面，感知周围的环境信息。它们的"嗅觉"非常灵敏，能够捕捉到海水中微量的化学信息。当有死鱼或死蟹被海浪卷到周围的海滩上，它们就能快速感知到"美味"发出的信息，纷纷从泥沙里爬出来，一边高举吻部探测海水中化学信息的浓度和方向，一边张开腹足奋力爬行。急不可耐的织纹螺，还会将腹足尽可能撑大，增加受力面积，同时将自己的身体侧翻，依靠"冲浪"尽快到达海边，因为它们必须争分夺秒，赶在尸体被海浪带走前饱餐一顿。到了海滩上，织纹螺的长吻继续借助潮湿的泥沙接收信息并分辨方位，最终爬到大餐上大快朵颐。先到的织纹螺有选择餐位的优先权，由于鱼类体表多有鱼鳞覆盖，而螃蟹等甲壳类有坚硬的甲壳保护，因此它们必须寻找受伤的缺口或柔软的部位（比如鱼的泄殖腔孔），才能吃上饭。找好位置后，织纹螺会将吻延长伸入，找到肌肉或内脏，利用吻中锋利的、密密麻麻的齿舌将肉刮下来食用。当然，并非所有的织纹螺物种都含有毒素，有些种类终生不含毒，有些种类仅季节性易含毒，有些种类则大多数时间里容易富集毒素。由于织纹螺大多个体较小，长得也比较相似，普通公众难以辨识，因而有关部门将织纹螺整个类群列入禁食名单。

目前已知的贝类毒素绝大部分是"获得性毒素"，不仅仅是织纹螺等螺类含有贝类毒素，有些双壳贝类也具有贝类毒素。从概率而言，双壳贝类含"毒"的概率更高，而且有些贝类毒素只在双壳贝类里出现，在螺类中并没有，比如石房蛤毒素（Saxitoxin）。

双壳贝类含"毒"的概率更高与其食性有关，因为它们没有螺类所具有的齿舌结构，只能靠"滤食"水体里的有机碎屑和单细胞藻类为生。这就意味着，从有毒的单细胞藻类中获得贝类毒素的概率上，双壳贝类比螺类更高。

安全食用贝类指南：

第一、注意物种。识别常引起人类中毒的贝类物种，比如织纹螺。这类贝类尽量不碰；

第二、注意部位。认识可能引起中毒的冷水水域大型肉食性螺类，食用时切记去除唾液腺；

第三、注意季节。遵循政府公告，避免在有毒藻类暴发期食用，包括赤潮之后的一段时间，尤其是滤食性的双壳类，比如牡蛎、贻贝、蚶等。英文有一句谚语：Don't eat oysters in the months spelled without an "R". 即不要在5月（May）、6月（June）、7月（July）、8月（August）食用牡蛎，也包括贻贝，因为有毒单细胞藻类通常在5~6月大量繁

产卵中的方格织纹螺

殖，而贝类自身有一定的消解能力，但将有毒物质消解也需要大约两个月时间；

第四、注意来源。通常大型菜市场或超市都有比较正规的进货渠道和检疫机制，公众选择在这些地方购买可规避大部分风险；

第五、注意处理。贝类因生长环境和食性等因素，体内会残留部分泥沙和食糜，食用前将其静养一天左右（海水贝类放在盐水里，淡水贝类放在淡水里，陆生蜗牛放在空容器里），让它们吐沙、吐泥、吐便便，并清洗干净，这样能最大程度上改善口感及减少心理阴影面积。此外，务必煮熟再食用；

第六、注意适量。在规避了高风险物种、高风险季节等因素后，正常来源的经济贝类通过正确的处理，适量食用基本无风险，即便是可能含有贝类毒素的种类，也不易达到中毒的剂量，但切忌暴饮暴食。

目前已知的织纹螺卵囊群种类繁多，但大多是每个卵囊以柄部固定在沙子或石头等基质上，排列成行或者其他组合造型。不同种织纹螺的卵囊形状不一，有些呈乳房状，有些像石榴形，有些像啤酒杯，有些像香槟杯，有些又似红酒杯，每种卵囊里包裹的卵的数量

交配中的爪哇织纹螺

产卵中的爪哇织纹螺　钟丹丹供图

爪哇织纹螺的卵囊群　钟丹丹供图

也各不相同。遗憾的是，我还未在潮间带观察过具有类似形状的织纹螺卵囊群，但在厦门的潮间带，一些织纹螺的繁殖场景也非常有意思。

　　每年5~7月，厦门潮间带上节织纹螺（*Nassarius nodiferus*）非常常见。如果它们扎堆在一起，那一定是周围有动物的尸体；如果它们两两抱在一起，其中一只个头大，另一只个头稍小些，那么它们很可能在进行交配。另一种常见的织纹螺是爪哇织纹螺（*Nassarius javanus*），它的卵囊群很小，在野外混到泥沙中很难被发现，但在海水缸中观察，就有机会揭秘它的产卵过程。爪哇织纹螺产的卵囊群由一枚枚三角形的卵囊组成，每一枚卵

交配中的节织纹螺

囊都黏附在缸壁上，里面包裹着许多聚集成团的卵，约20枚卵囊组成"眉毛形"，画完一道"眉毛"后，它又换一个位置继续画下一道"眉毛"，一只爪哇织纹螺在一个产卵季可以画出200多道"眉毛"。在低潮区的沙滩上，偶尔还能看到方格织纹螺（*Nassarius conoidalis*），因为长得圆滚滚的，也被称为球织纹螺。它在产卵时不断扭动腹足，一边分泌黏液一边排卵，将周围的沙子一并包裹，同时往前移动，形成一条曲折的"沙带"。

虽然织纹螺可能因富集贝类毒素而远离我们的餐桌，然而它们在自然界却有着不可忽视的重要作用。织纹螺喜食腐尸，可以将卷到海滩上的动物尸体清理干净，被誉为忠实的"海岸清洁工"，是生态系统里非常重要的分解者。如果没有了织纹螺这样的"清洁工"，海岸线可能会堆满动物尸体，蚊蝇飞舞，臭气熏天。

秀丽织纹螺扎堆清理尸体

大海螺——
优秀的育儿房建筑师

海螺是人类餐桌上不可或缺的食材之一。个头小的海螺，比如织纹螺、泥螺、单齿螺等，只在部分沿海地区被食用，而对于大多数公众尤其是内陆地区的居民而言，体型大的海螺更受欢迎，因为肉多，吃起来方便，不用像嗑瓜子那样一颗颗费力吮吸。

广东潮汕地区以美食著称，孕育了因"色、香、味、型"并美而享誉中外的潮州菜。潮州菜的食材讲究，选料广博，作为闽、粤交界的靠海区域，海鲜自然是重要的选材之一，而响螺被誉为潮州菜的经典。汕头市潮菜研究会张新民会长将潮汕誉为"响螺之都"，"响螺"源于潮州人的叫法，早在康熙年间，潮州地方志书《饶平县志》就有"响螺，生海石，行有声"以及"壳可吹号，味甘"的记载。在潮汕地区，响螺有多种料理方式，比如老鸡炖响螺、青榄响螺汤、白灼薄片响螺、爆炒酱香响螺等，但最经典的两种做法是潮州菜中的"厚片白灼"和"连壳炭烧"，呈现的不仅仅是最后的美味，是烹饪的艺术，同时也是对响螺这种顶级食材最大的尊重。我曾在好几部美食纪录片中看过这两道著名的响螺料理。

在产地众多的海鲜中，潮汕人和闽南人都钟爱出产于南海与东海交汇处、广东汕尾至福建厦门一带的"本港海鲜"。在"本港"产的响螺主要有两种，一种是外壳相对圆润的角螺（*Hemifusus colosseus*，俗称"文螺"），另一种是螺肩上有棱形凸起的管角螺（*Hemifusus tuba*，俗称"带角响螺"），它们都生活在潮下带至浅海的泥沙质或软泥质底，其中角螺更受追捧，因为它的出肉率更高。目前，角螺和管角螺尚未实现人工养殖，所有的食材均来源于天然捕捞，实际上，广东食用的大部分响螺都是从福建捕捞后运过去的，因为汕头近海的响螺资源已经枯竭，仅福建东山和厦门周边的一些拖网渔船在台湾海峡等海域还能有所收获。以往捕捞到的最大的角螺和管角螺个体可达30厘米，重量可达3.5千克以上，然而，随着需求的增加、捕捞技术的发展和环境变迁等因素的影响，如今已经很难找到特别大的个体了。

到了繁殖季节，响螺会往上迁移到浅一些的地方寻找合适的位置产卵，有时也能在潮间带看到它们的踪迹。我曾在马来西亚槟城胳肢窝岛退潮后一片海草床的礁石上看到管角螺的卵囊群。管角螺产卵时会选择礁石等基质，依次往基质上产出一枚枚扁平的玉米粒形卵囊，里面充满胶质填充物，以及聚集成小圆团的上百颗卵。卵囊末端以柄部黏在基质上，顶端近中央开口，两侧角状突起向前伸，排列紧密，好像幼儿园里排队的小朋友们。有些排成一条直线，有些则排成螺旋形或圆形。每个卵囊群的规模通常在20枚~50枚之间，不同的数量和形状可能与附着基质的面积和平整度有关，有些管角螺产卵过程中发现基质位置不够了，会调整产卵的位置和方向，如果周围合适的区域都填满了，它们也会暂停产卵，就近选择另一个合适的位置再继续产卵。

产卵中的管角螺　黄宏进供图

马来西亚槟城城市边圆形的管角螺卵囊群

直线形的管角螺卵囊群

我在厦门潮间带捡到一种搁浅在沙滩上的卵囊群，在大小、形状、结构和排列方式上都与管角螺的卵囊群相似，卵囊里的胶质填充物已近透明，里面的上百颗卵清晰可辨。通过分析厦门周边同类群物种的信息，我推测这一坨卵囊群可能是角螺的杰作。

疑似角螺的卵囊群

除了角螺和管角螺，在福建、广东和海南的菜市场常见的另一种大型海螺是瓜螺（*Melo melo*）。瓜螺在各地有很多俗名。它的外形呈椭圆球形，重量可达10千克以上，贝壳呈黄色至橙红色，像木瓜和椰子，因此在福建厦门和我国台湾金门等地被称为黄螺、木瓜螺或椰子涡螺；瓜螺的腹足非常发达，布满豹纹状花纹，福建晋江人称之为"金钱豹"；当它爬行时，伸出的腹足似牛舌，所以有些地方的渔民也叫它"牛舌螺"。由于个头大、腹足发达、出肉率高，瓜螺顺理成章地成为沿海居民海鲜食谱中的成员。瓜螺虽然肉多，但大多是肉质偏硬的腹足部分，需要采用正确料理方式才能享用，否则只会啃到一块块硬邦邦的"石头"。厦门人通常将螺肉切成方糖状，放进高压锅里与排骨一起炖煮，或者将螺肉烫熟，浸入冰水中，再切成纸片状的薄片后爆炒。

椰子涡螺的卵囊群　潘昀浩供图

在海滩上偶遇瓜螺的卵囊群需要很好的运气，不过可以去海鲜店里碰碰运气，兴许有机会遇到刚被渔民打捞上来的卵囊群。瓜螺产的卵囊群很大，呈长圆筒形，长度约30厘米，直径约10厘米，像一根又粗又长的玉米棒，表面有规律地交错排列着成排的长椭圆形孔洞，这些孔洞很显然是卵囊群通畅的水体交换系统的重要组成部分。

到了我国北方，市场上常见的海螺以冷水种居多，比如中大型的香螺（*Neptunea cumingii*）。香螺壳呈纺锤形，螺旋部呈阶梯状，肩角上常有结节或翘起的鳞片状突起，壳长可达13厘米以上，肉肥大，味鲜美，因而成为北方沿海居民餐桌上的常客。最近几年，得益于物流和保鲜技术的发展，在我国南方的菜市场上也常能见到售卖香螺的摊位。

香螺的卵囊群与瓜螺相似，呈长圆筒形，但比瓜螺的卵囊群小些。它的卵囊群也规律分布着一些长椭圆形的孔隙，只是相较于瓜螺数量更少、分布更稀疏。

角螺、管角螺、瓜螺、香螺这些中大型海螺，它们在产卵时都会充分考虑如何提高后代孵化率和成活率的问题，因此在卵囊群的结构上也下足了功夫。角螺和管角螺通过柄部将一枚枚卵囊固定在礁石等基质上，防止它们被海浪带走；每一枚卵囊上都开了口，以保障水体交换；卵在卵囊和胶质填充物的双重保护下，降低了露出水面时烈日的暴晒和脱水以及被其他生物直接吞食的风险；每一枚卵囊都紧密排列，形成"群体效应"。瓜

香螺的卵囊群　王举昊供图

螺和香螺的卵囊群都修筑成长圆筒形,形成一个相对稳定的结构,也呈现了很好的"群体效应",此外,它们的卵囊群上有排列规律的孔隙,构成了一个良好的水体交换系统。因而,这些中大型海螺都是优秀的育儿房建筑师。

最近"吃螺到底要不要去尾巴"的问题引发热议,主要担忧的点在于"脏""可能中毒""口感怪"等。在我看来,"吃螺去尾巴"大可不必,甚至有时还浪费了最精华的部分。

笼统地说,去壳的螺分为"螺肉"和"螺尾巴"。这里的"螺肉"除了头部和腹足外,还有包含在其中的消化道、煮熟蜷缩起来的外套膜以及包在里面的鳃、唾液腺等,"螺尾巴"主要包括内脏团(消化系统、生殖腺等)。

有些人认为"螺尾巴"含有未消化完全的食糜和便便,会吃到"尿",必须去掉。其实为了适应螺壳,螺在发育过程中身体结构发生了扭曲、变形,最终导致嘴和肛门在同一边,也就是螺口处,肛门开口在外套腔,对于小型螺类而言,外套腔边上就是口,并没有

红螺的螺肉和螺尾巴

黑口拟滨螺拉的便便是从腹足边排出的

隔多远，所以若考虑"脏"的问题，其实"螺肉"可能更容易中招。

有些人觉得"螺尾巴"更容易富集贝类毒素，去掉再食用才安全。其实贝类毒素一般累积于鳃、性腺（生殖腺）、消化腺等内脏器官，腹足中含量较低，但并非没有。一方面，抛开剂量谈毒性并不科学，"可能含有贝类毒素"和"可能引发中毒"并不能画等号；另一方面，如果一只螺含有贝类毒素，那么"螺肉"部分包含的鳃和包裹的部分消化道同样富集了贝类毒素，而腹足虽然含量低些，但也含有贝类毒素。虽然从螺的个体上看，"螺肉"的贝类毒素含量整体较"螺尾巴"少些，仅从这个层面来分析，去掉"螺尾巴"只吃"螺肉"并不能避免贝类毒素的摄入，而对于小型螺类而言，出肉量本身就少，即使花大量的人力和时间一个个去掉"螺尾巴"再去掉"螺肉"里的鳃、外套膜和消化道，成本太高，且所剩无几，那就失去了食用价值；第三，如果考虑贝类毒素，其实冷水水域的大型螺类尤其是肉食性螺类（如蛾螺类）"螺肉"里的唾液腺含有毒素，例如我国北方市场常见的压缩香螺（*Neptunea constricta*）的唾液腺中含有四甲基氢氧化铵盐（即"毒鼠强"Tetramine的主要成分），它们捕食猎物时，首先要把猎物麻醉，此时用到的就是唾液腺里的毒素，一旦被人类误食会产生头晕、恶心等中毒症状，这就是北方沿海居民口中所谓的"误食螺脑综合征"。因而唾液腺才是真正需要去除的部位。

压缩香螺 杜俊义供图

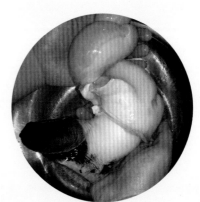

去壳的压缩香螺 黄鑫磊供图

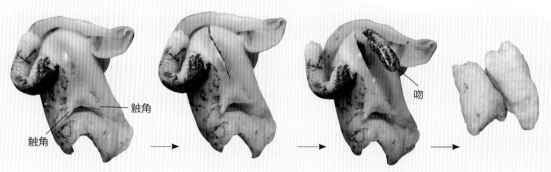

触角

触角

吻

四步去除压缩香蛾的唾液腺：①定位触角；②沿中线切开；③翻出吻；④找到吻基部两侧的唾液腺并去除

　　有些人觉得"螺肉"口感爽脆有嚼劲，而"螺尾巴"黏牙绵软，口感太差，去掉"螺尾巴"才好吃。这是一个误区，很可能会错过螺的精华。其实"螺尾巴"包含的内脏团具有丰富的营养，韩国传统美食鲍鱼内脏粥和鲍鱼内脏汤，就是用鲍鱼内脏加工而成的美食。海边长大的人，至少有七成是连螺尾巴一起吃的，有些种类的螺尾巴比螺肉更受欢迎，甚至还有"海中鹅肝"的美誉，比如东风螺、玉螺、荔枝螺等。尤其在繁殖季节，这些螺尾巴充满了发达的生殖腺，煮熟后色泽艳丽，或橙黄或乳白，散发出阵阵特有的芳香，令人垂涎三尺，而绵柔胶着的口感，更让人欲罢不能。有些种类的螺尾巴是这种螺作为人类食物的灵魂，比如福建海边的油螺，由微黄镶玉螺腌制而成，成品有异香，便是得益于它的螺尾巴。如果去掉了尾巴，油螺就不再是油螺。在潮汕地区，人们认为响螺的螺尾巴最香，上菜时一定要摆上，如是白灼螺片的做法，响螺的螺尾巴通常会被油炸后用小盘端上桌，作为下酒的佳肴，如果螺尾巴不见了，客人可以拒绝买单。

鲍鱼的螺壳、螺肉和内脏团（螺尾巴）

衲螺科——
"飞翔" 的翅膀

品尝海鲜的时候，常常会有一些意外的收获。比如梭子蟹鳃上附着的密密麻麻的梭蟹板茗荷，常被误认为是寄生虫；鲍鱼壳上附着的各种各样的苔藓虫；牡蛎壳上带着海鞘；贻贝壳上附着了藤壶；寄居蟹身上背着海葵……

不同发育阶段的金刚衲螺卵囊群

联球蚶上的衲螺科卵囊群

　　许多海洋生物之间存在相互依存的关系。当一种生物在某个区域定居下来，在它的生长过程中，就会有许多生物和它发生联结，同时形成一个小生境，也组成了捕食、附生、共生、寄生、腐食等复杂的关系网。因此，在购买的目标海产品上发现其他海洋生物并不稀奇，人们把附着在海鲜上的那些没有经济价值的生物统称为"污损生物"，也包括那些附着在码头、渔船、网箱等人工设施上的生物。

　　"污损生物"是人类对于具体用途和经济价值的一个主观定义，其实自然界中每种生物都有它的价值和存在的意义。附着在海鲜上的这些生物，对人类而言没有经济价值，还可能影响海鲜的生长及口感，因而被归为"污损"甚至"有害"生物。其实，只要将海产品煮熟再食用，绝大多数的"污损生物"对人体并没有危害，只是在视觉或心理上会造成一些不适。

　　我曾在《清宫海错图》里看到一种特殊的"污损生物"。《清宫海错图》涵盖了清代康熙年间聂璜绘制的海洋生物图谱《海错图》的前三册。在第三册中有不少关于贝类的介绍，其中介绍了一种名为"丝蚶"的蚶类："丝蚶其纹细如丝也，产闽中海涂，小者如梅核，大者如桃核。味虽不及朱蚶而胜于布蚶，鲜食益人，卤醉亦佳。凡海物多发风动气，不宜多食，惟蚶补心血，壳亦入药可治心痛。"看来这种蚶全身都是宝，随后还有一段它的"翅膀"的描述："五月以后，生翅于壳，能飞。海人云：每每去此适彼，忽有忽无，可一二十里不等。然惟丝蚶能飞，布蚶不能。常阅类书云：蚶一名魁陆，亦名天脔。不解天脔之说，及闻丝蚶有翅能飞，始知有肉从空而降，非天脔而何？"原来"丝蚶"上还能长翅膀，还能飞？这到底是"丝蚶"本身的结构，还是附着物呢？

后来我的朋友张辰亮在《海错图笔记·叁》中做了考证。他发现福建福鼎有一个叫硖门的地方产一种特产——硖门飞蚶。我查了硖门飞蚶的信息，硖门乡贤林发前是这样描述的："夏季是硖门飞蚶产卵期，蚶的卵袋长在外壳上，像羽毛球拍一样，又像古代官员帽耳，卵袋像塑料膜一样晶莹剔透。细看里面有卵子。当受到外界干扰刺激时，卵袋急速振动，有如蜻蜓闪动着翅膀，这薄如蝉翼的翅膀，竟能把庞大之身带动飞跃起来。"显然，描述里有不少科学性错误，比如蚶类大家族在繁殖时精子和卵子都是直接排入海水，在水中受精，并不会产卵囊并黏在壳上；受外界刺激，卵袋急速振动，动力来源于哪里？这些问题辰亮在考证里也做了阐述。最后，他在网友和学者的支持下，基于基因数据库里现有的信息，初步判断为"核螺属"物种的卵囊群。不过对于"丝蚶"是哪种尚无定论，且考证中"核螺属"是我国台湾的叫法，根据文中的线索，应为金刚衲螺（*Sydaphera spengleriana*）对应的衲螺属（*Sydaphera*）。

联球蚶上的衲
螺科卵囊群

在福建闽南地区及莆田，最常食用的蚶类是泥蚶（*Tegillarca granosa*），即《清宫海错图》里聂璜描绘的布蚶。童年时，我家餐桌上出现的蚶类都是泥蚶，极少食用毛蚶等其他蚶类，一方面泥蚶是福建沿海滩涂盛产的物种，另一方面由于毛蚶（*Anadara kagoshimensis*）在1988年曾导致上海大规模甲肝暴发，本地人认为除了泥蚶外的其他蚶类尤其是带毛的蚶类并不安全。最近几年，在泥蚶较少上市的时节，市场上也会出现从外地运来售卖的其他蚶类，偶尔也能看到带"翅膀"的"飞蚶"，以前我从未上心，只觉得跟其他海鲜的附着物一样，煮熟了照常吃。

2021年5月，我在家里吃了一盘非本地产的蚶，发现盘子里散落着一些煮熟脱落的小"翅膀"。我赶忙问父母是在哪买的，下次看到记得再买一些回来。6月的一天，我爸又拎回了一袋子"飞蚶"，不少个体的贝壳前缘附着着数量不等的"翅膀"。经询问摊主得知，产地确实在福鼎一带。经鉴定，"飞蚶"是联球蚶（*Anadara consociata*），而"翅膀"是衲螺科（Cancellariidae）物种的卵囊群，如果要精确到属的话，那更可能是三角口螺属（*Scalptia*）而不是衲螺属，因为这两个属的卵囊群我在厦门潮间带都见过。

联球蚶上的衲螺科卵囊群

联球蚶上的衲
螺科卵囊群

厦门潮间带分布着两种比较常见的衲螺科物种，一种是小型的白带三角口螺（*Scalptia scalariformis*），另一种是中型的金刚衲螺。早两年，我的朋友 高张斌 在福建泉州潮间带的一个积水泥沙坑里发现了一种卵囊群，卵囊长约3厘米，两头尖，以一根长约7~9厘米的细长柄插入泥沙中，柄的末端黏附沙粒，形成一个座，可以固定在泥沙中不被海水带走。当时通过卵囊形状及大小判断可能主人是金刚衲螺，但由于在现场没有发现它的踪迹，无法下定论。2022年3月，在厦门潮间带，金刚衲螺和它的卵囊群被"人赃俱获"。我们发现了至少2只金刚衲螺和几丛卵囊群，其中有1只刚刚产完卵正在卵囊群周围徘徊，也许是产卵间隙的中场休息时间。刚产下的树叶形卵囊外侧为一层透明膜状结构，边缘

金刚衲螺和卵囊群

积水的泥沙滩中的金刚衲螺卵囊群　高张斌 供图

卵囊里包裹着数百颗
金刚衲螺幼体

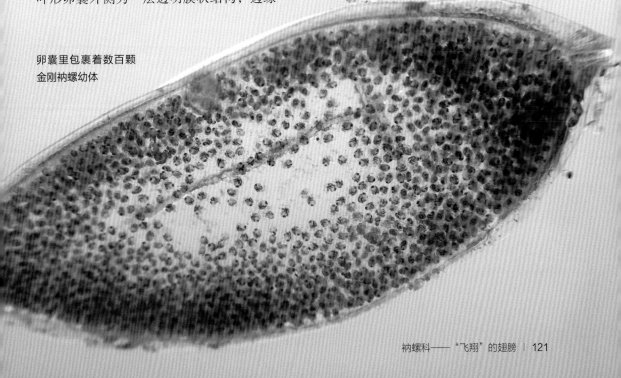

刚产下的金刚钠螺卵囊中的卵呈白色

金刚钠螺幼体已经发育出了幼壳

加厚，中央形成中空夹层，里面充满了液体和数百颗白色的卵，顶部尖端稍延长，有一个小缺口。受精卵在卵囊中不断发育，逐渐变成黄色、褐色，幼体也逐渐发育出了肉眼可见的壳，当所有幼体均变成黑色时，代表着破膜的时机成熟了，随后它们就纷纷游出了卵囊膜的保护，开始了新的征途，此时卵囊膜就变成透明的空壳了。

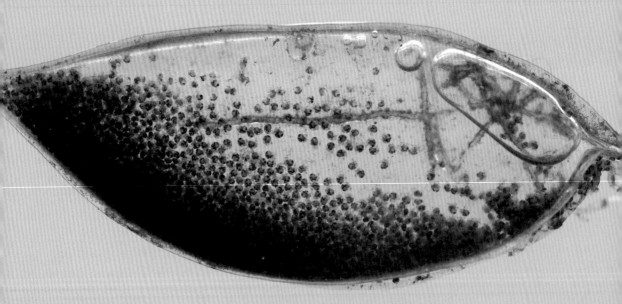

发育成熟的金刚钠螺幼体正在破膜而出

白带三角口螺主要在砾石区活动，卵囊群也产在石头上。它的卵囊形状和构造与金刚蚋螺的相似，但个头小很多，通常卵囊长度只有1厘米左右，而柄部只有3~5毫米。我们第一次发现类似的卵囊群是在厦门集美鳌园一块爬满可变荔枝螺的小石头上，好在可变荔枝螺的卵囊群早已铭记于心，可以直接排除嫌疑。但当时在周围没有发现白带三角口螺，我心里一直打着问号。后来我们在其他区域发现了白带三角口螺和它周围的卵囊群，谜底才终于解开了。

白带三角口螺的卵囊群和可变荔枝螺

白带三角口螺的卵囊群

白带三角口螺

再来讨论"飞蚶"上卵囊群的主人。通过卵囊形状、长度、柄的长度及卵囊与柄的比例，可以排除金刚蚋螺所在的蚋螺属，更像白带三角口螺所在三角口螺属。实际上，除了福鼎的联球蚶常见"翅膀"外，渤海产的毛蚶在固定时节也常出现"翅膀"。我国每年的5~6月是蚋螺科三角口螺属物种的繁殖季，它们在产卵前都会找合适的附着基质，有石块的地方就产在石块上，而在淤泥或泥沙质的滩涂上，它们只能在茫茫"平原"上的寻找坚硬的突出物产卵。蚶类没有水管，生活状态下它们通常埋栖于滩涂表层，将贝壳的前缘露出滩面交换水体和获取食物。此时，外露于滩涂表面的蚶类外壳的前缘，就是三角口螺属物种最好的产卵场。这也是为什么只有"飞蚶"的壳前缘才长"翅膀"的原因。从我国渤海一直到东海，潮间带分布的蚋螺科三角口螺属物种只有白带三角口螺一种，因而"飞蚶"上"翅膀"的主人极有可能是白带三角口螺。但目前尚无法下定论，期待后续的观察能够在主人爬到蚶上产卵时"抓个现行"，或者将"飞蚶"上卵囊里的幼体养大看看到底是谁，也可以通过分子技术的进一步研究来确定身份。

菊花螺——
礁石上的"斗笠"

最早与潮间带卵囊群的邂逅，是十多年前的故事。

当年我还在厦门大学读本科，开展红树林调查和研究的时候，常常在潮间带礁石区看到一圈圈黄色或粉色的"甜甜圈"，质感弹牙，很像果冻。那时候我对贝类的卵囊群完全没有概念，以为是某种生物的排遗物，但在现场也没有发现可疑对象，这事就搁置了。到了2016年4月，我在厦门大屿岛、鳄鱼屿等地的潮间带礁石区再次看到大量的小圈圈，只是周围爬满了许多的古氏滩栖螺（*Batillaria cumingii*）和纵带滩栖螺（*Batillaria zonalis*）等滩栖螺科物种，仅有个别卵囊群边上趴着一两只日本菊花螺（*Siphonaria japonica*）。虽然在此前我通过查阅文献判断可能是日本菊花螺的卵囊群，但对于卵囊群边上的滩栖螺科物种卵囊群的相关资料并未掌握，因此无法下定论。同年10月，我有机会到日本冲绳考察潮间带，刚好撞见礁石区大量的日本菊花螺和它们的卵囊群，有些个体正在产卵。这个困扰了十几年的谜题终于解开了。

日本菊花螺是腹足纲菊花螺科（Siphonariidae）的物种。它跟大部分腹足纲物种一样，具有一个贝壳，但

日本菊花螺的卵囊群周围爬满了滩栖螺

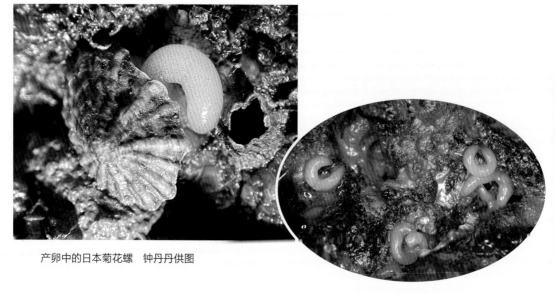

产卵中的日本菊花螺　钟丹丹供图

日本菊花螺的卵囊群

贝壳形状并不扭曲为常见的"螺"形，而呈斗笠状，开口面就是贝壳最大的切面，且没有厣（口盖）保护，所以演化出了强壮的腹足，一遇到危险就牢牢地吸附在石头上。日本菊花螺主要以礁石上附着的藻类为食，它产卵时先将卵囊一端黏在石头上，然后像挤牙膏一样边爬边产，卵囊外是一层透明的薄膜，里面填充胶质物质及数千枚卵。它产卵时会绕圈圈，有些卵囊呈弧形，有些前后接到一起成为一个圆圈，有些则绕了2~3圈。大多数日本菊花螺都不止生产一个"甜甜圈"，制造完一个休息一段时间后，会继续再画下一个圈。有时在一小块礁石上能看到几十个"甜甜圈"。

在福建泉州潮间带的礁石区，我发现了另一种菊花螺和它

蛛形菊花螺和卵囊群　钟丹丹供图

的卵囊群。蛛形菊花螺（*Siphonaria sirius*）较日本菊花螺个头更大，它的壳表常因覆盖了藻类而呈黑色，壳面的几条放射肋非常突出。蛛形菊花螺产卵时也画圈圈，它的卵囊群颜色较日本菊花螺淡些，呈黄白色，整体更大，且在产卵时会将礁石底部的沙子黏附在卵囊群表面，这可以起到一定的伪装作用。

　　潮间带的石块下，常常能翻出小型的核螺科（Columbellidae）类群，它们数量很多，壳长约1厘米，喜欢扎堆群居。最常见的是丽小笔螺（*Mitrella albuginosa*），偶尔还能看到双带小笔螺（*Mitrella bicincta*）和布尔小笔螺（*Mitrella burchardti*）。数量如此庞大的类群，到底是如何繁殖的？虽然我找到过无数的丽小笔螺等物种的个体，但从未发现它们的卵囊群。我的朋友王举昊分享了一张布尔小笔螺产卵的照片，它的卵囊呈"煎包"形，中央凹陷，里面包裹着许多黄白色的卵。图中的布尔小笔螺已经产卵40多枚卵囊，还在继

石块下扎堆群
居的丽小笔螺

产卵中的布尔小笔螺　王举昊供图

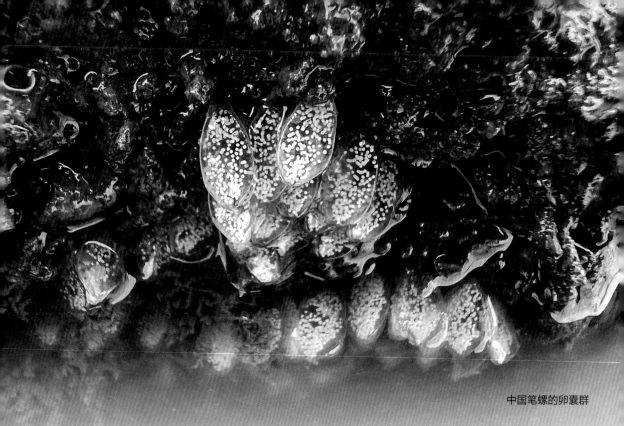

中国笔螺的卵囊群

续努力中，估计一个繁殖季它能够产近百枚卵囊，足够开一个"煎包铺子"。但它的卵囊实在太小了，直径仅1~2毫米，难怪我此前从未发现过。

厦门潮间带最常见的笔螺科物种是中国笔螺（*Isara chinensis*）。在低潮区的礁石周围，中国笔螺大量聚集。我曾在实验室的海缸里养过一只芋螺进行研究，为了芋螺的口粮，采集了不少中国笔螺。在研究一种贝类时，它的行为、食性和繁殖通常是我主要的兴趣点。文献记录中国笔螺是肉食性腹足类，它的食物主要是星虫

中国笔螺捕食星虫

和其他腹足类，通过分泌毒液将猎物麻醉后再吃掉。在潮间带礁石区，我有幸观察到了中国笔螺捕食星虫的全过程，还发现了它的卵囊群。中国笔螺的卵囊呈椭圆形，长约5毫米，顶端稍突出且开口，通过很短的柄部附着在石头上。卵囊膜透明，每枚卵囊中约包裹200颗卵子。通常一组卵囊群包含60~100枚卵囊，算下来一只中国笔螺一次可以产约1.2万~2万颗卵，难怪礁石区的中国笔螺种族如此庞大。

但在嵌线螺科（Cymatiidae）粒蝌蚪螺（*Gyrineum natator*）面前，中国笔螺的产卵量算不上多。粒蝌蚪螺在卵囊群规模、卵囊数量和卵的数量上均完胜中国笔螺。粒蝌蚪螺通常选择石块的侧面或斜下方产卵，它的卵囊呈卵圆形，长径仅2~3毫米，每枚卵囊里包裹着约50颗黄色的卵。特别能生产的个体，一个产卵季可以产下约2000枚卵囊，包含10万颗卵，铺满石块的整个侧面，卵囊群整体长度可达30厘米，如果将卵囊群摊开拉成一条直线，那就长达4~6米。好在我没有密集恐惧症，也有足够的耐性，可以蹲下来好好欣赏粒蝌蚪螺的杰作。

在潮间带礁石区，蜒螺科（Neritidae）物种也是非常常见的类群，比如渔舟蜒螺（*Nerita albicilla*）、齿纹蜒螺（*Nerita yoldii*）、线纹蜒螺（*Nerita balteata*）、日本蜒螺

4只粒蝌蚪螺正在扎堆产卵

一只粒蝌蚪螺正在石块上产卵，城市近在咫尺

（*Nerita japonica*）、变色蜑螺（*Nerita chamaeleon*）、多色彩螺（*Clithon sowerbianum*）、紫游螺（*Neripteron violaceum*）等。它们选择的产卵区域通常也是礁石的侧面或斜下方，这样可以增加隐蔽性，减少被阳光直射的时长，同时增加被海水浸没的时间，尽可能为后代创造条件最佳的"幼儿园"。蜑螺科物种每次产下几十枚到上百枚卵囊，它们的卵囊大多呈白色，圆形、椭圆形或芝麻形。通常个体较大的物种产的卵囊也较大，比如变色蜑螺的卵囊似绿豆，而多色彩螺的卵囊像芝麻。在礁石区分布的紫游螺将卵囊产在石块侧面，而在红树林区分布的紫游螺则将卵囊产在红树植物树干和根系基部。分布于沙滩上的奥莱彩螺（*Clithon oualaniense*），是一种小型的蜑螺科物种，颜色和花纹非常艳丽多变。沙滩周围没有石块和红树植物可供产卵，它有自己的妙招。奥莱彩螺在产卵时会选择附近其他的腹足类，可能是同类（奥莱彩螺）也可能是其他种类，并且通常会选择活体。选好产卵目标后，它就爬到螺壳上把自己的卵囊粘上去，面积小的同类壳上粘10余枚，面积大的其他种类比如滩栖螺的壳上可以黏30多枚，粘完一个螺壳，它会找下一个目标继续完成它的产卵大业，直到把所有的卵囊都产完。相较于其他亲戚，奥莱彩螺的繁殖策略更聪明。它不是将所有的"鸡蛋"都放在同一个"篮子"里，而是分散"投资"，此外，它的卵囊群可以随着目标螺的移动而移动，获取更多水体交换的机会。

变色蜑螺的卵囊似绿豆

多色彩螺的卵囊像芝麻

奥莱彩螺将卵囊群
产在滩栖螺的壳上

产卵中的紫游螺　郭翔供图

奥莱彩螺壳上黏附
着其他奥莱彩螺的
卵囊群

沙滩上另外一种可以与奥莱彩螺媲美的腹足类是马蹄螺科（Trochidae）的托氏蜎螺（*Umbonium thomasi*），基本上你能想到的颜色和花纹在托氏蜎螺和蜎螺属其他物种的壳上都能找到。托氏蜎螺分布于中、低潮区的沙滩上，数量非常庞大，在产地随便抓一把沙子都能抓到20多个，但它的繁殖策略鲜有报道。在泉州惠安的一次潮间带调查中，我终于如愿以偿。托氏蜎螺的卵囊群很像玉螺的卵囊群，也是一个无底的沙碗造型，卵带宽约6~8毫米，通常只有一圈，黏满了沙粒，与沙滩环境完美融合，不仔细观察很难发现。

托氏蜎螺和卵囊群

宝贝——
人类文明的见证者

　　每到一个新城市，我都会抽空去两个地方：博物馆和菜市场。博物馆是全面认识当地历史、文化和传承的一个聚宝盆，菜市场则是快速了解当地饮食、风俗和生物多样性的一个窗口。许多大型综合博物馆的展柜里，总会出现由一些看似破破烂烂的贝壳组成的小展台，标签上写着"贝币"。

生活状态的货贝

生活状态的环纹货贝将外套膜舒展开来

根据大量的史料和文献记载以及出土文物的考证，我国是世界上最早使用货币的国家之一，至今已有4000多年历史。在新石器时代晚期，宝贝科（Cypraeidae）物种（主要是货贝Monetaria moneta，其次是环纹货贝Monetaria annulus）已经在商品交换中实施了货币的功能。我国最早的贝币出土于河南殷墟妇好墓等地，距今约3500年以上，其中妇好墓中出土了7000多枚贝币。到了夏朝，由于分散的部落开始大规模合并在一起，加上穿孔等技术的进步，贝币才真正流行起来。随着商品经济的发展，天然贝壳逐渐供不应求，于是出现了各种材质的人工仿贝币，如石贝币、骨贝币、玉贝币、绿松贝币、陶贝币、蚌贝币等。到了商代晚期，由于天然贝币和人工仿贝币已经无法满足市场需求，加之冶炼技术的发展，开始出现铜质贝币。贝币一直到秦统一六国后才被秦半两取代其作为货币流通的地位，但在云南的一些区域，贝币一直使用到了明代，李时珍《本草纲目》中还记载："今云南独用之，呼为海𧵅"。我国古代贝币的计量单位是"朋"，"朋"的古字本义是指一串或两串相连的"贝"，一般认为两串五个的贝或两串十个的贝为"一朋"。

货贝的卵囊群

货贝的护卵行为

由于宝贝作为贝币在我国经历了漫长的历史，因此，在汉字中涉及金钱或经济利益相关的文字大多带"贝"字偏旁，如财、账、资、贷、货、贡、贪、赏、贵、贿、赂、贩、赋等，共200多个字。

　　除了中国外，贝币也曾在全球体系内的许多区域作为支撑性基础货币维系着商业的繁荣和贸易的发展，在长达1500年的时间里支撑起世界经济，一直到二十世纪初才退出历史舞台。公元四世纪孟加拉地区的商业开始活跃，贝币开始出现并流通，进一步推动印度洋贸易体系的扩展和深化。随后贝币传播到了中南半岛、波斯湾、红海甚至遥远的西非。在十六世纪，西非出口的奴隶中约三分之一的数量是欧洲人用贝币购买的。

　　贝币之所以能成为货币在历史上扮演维系和推动全球贸易的重要角色，需要满足以下几个条件：个体小且均匀、产量大而稳定、可计量、坚固耐用、便于携带。宝贝科的货贝（还有环纹货贝）恰恰满足了所有条件。货贝拉丁学名的种加词是moneta，英文名为money cowry，都包含钱的意思。货贝和环纹货贝广泛分布于我国南海潮间带中、低潮区的珊瑚礁或岩礁间，退潮时常隐藏在岩石缝隙间或石头下，通常晚上才出来活动。成熟的货贝个体小巧，长约2厘米（环纹货贝稍大些），大小和尺寸基本一致，贝壳圆润坚固，具釉质光泽。货贝和环纹货贝的数量庞大，产量稳定，与它们的繁殖策略分不开。

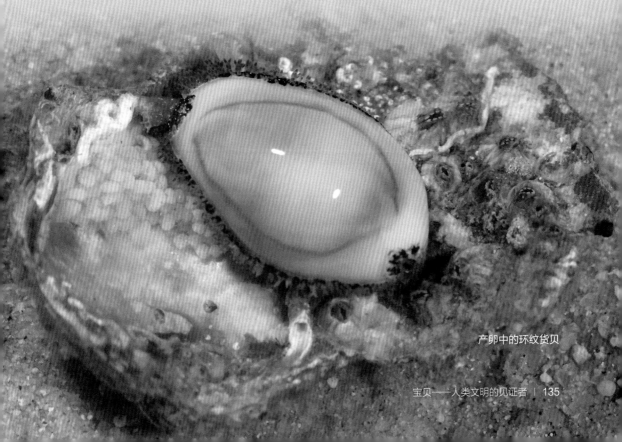

产卵中的环纹货贝

宝贝科物种是雌雄异体，两性在形态上区别不明显。根据文献记载，海南岛南部宝贝科物种的产卵旺季是4~5月份，但我在12月和1月仍观察到货贝和环纹货贝产卵，说明它们很可能全年都会产卵，不过有淡季和旺季之分。货贝和环纹货贝都喜欢选择比较隐蔽坑洼的岩石或其他双壳贝类的空壳作为产房。货贝产的卵囊群呈金黄色，通常包含300~500枚卵囊，卵囊呈芝麻状或不规则沙粒状，每枚卵囊中包裹着数百颗黄色的卵。环纹货贝产的卵囊群呈黄色，通常包含400~600枚卵囊，卵囊呈芝麻形或三角卵圆形，每枚卵囊中同样包裹着数百颗黄色的卵。经过一段时间的发育，卵囊群由黄色逐渐变成土黄色或灰褐色，此时幼体就准备破膜孵化了。宝贝科物种产完卵后，还会趴在卵囊群上守护，直到幼体孵化后才会离开，这种繁殖期间的护卵策略提升了幼体的孵化率和成活率。

发育成熟即将孵化的环纹货贝卵囊群呈灰褐色

刚产下的环纹货贝卵囊群呈黄色

宝贝科物种还具有食用价值。宝贝科物种在印度–太平洋区沿岸和岛屿常被食用，多为较大型的种类，但也有小型的种类被食用的记录。夏威夷人称宝贝为"leho"，生吃或熟食皆可；日本和菲律宾人都食用虎斑宝贝（*Cypraea tigris*），但烹饪方式不同；我国台湾兰屿的原住民雅美人则食用图纹宝贝和龟甲宝贝。在我国海南岛和广东湛江硇洲岛等地，分布广泛、数量众多、出肉率高的亚洲阿文绶贝（*Mauritia arabica asiatica*）至今仍是餐桌上的常客。亚洲阿文绶贝分布于潮间带低潮区至浅海的岩礁或珊瑚礁区，中等大小，壳长约45~75毫米。它的产房选择在岩石或珊瑚礁隐蔽的凹陷处，卵囊群呈紫色，包含约500~800枚三角卵圆形的卵囊。产完卵后，亚洲阿文绶贝同样有护卵行为，持续1~2周时间，等到幼体破膜后，亲贝才离开岗位。宝贝科物种的卵孵化后，相继经历了浮游担轮幼虫期、面盘幼虫期（此时已发育出了幼贝）、变态期、枣螺阶段，才最终变为成体。

由于花纹多变、色彩艳丽，加上犹如瓷器般的釉质光泽，宝贝科物种自古以来就受到贝类爱好者的追捧，是被收藏最多的类群之一，在贝类收藏领域占据着极其重要的位置。不少宝贝科物种分布于潮间带至潮下带，采集比较容易，产量充足，因而价廉物美，成为贝类爱好者的入门级宝贝科藏品，有些人还通过规划贝类旅行路线在野外采集，既丰富了藏品，也收获了野外分布知识，又愉悦了身心。眼球贝（*Naria erosa*）和肉色宝贝（*Lyncina carneola*）就是潮间带比较常见的宝贝。眼球贝的卵囊群呈淡黄色，由300~400枚芝麻形卵囊层层堆叠而成。肉色宝贝的壳呈金黄色，布有几条粗细不等的橙色色带，生活状态下它的外套膜完全展开，包裹整个贝壳，上面布满了指状末端分叉的突起，它的卵囊

产卵中的亚洲阿文绶贝

亚洲阿文绶贝和卵囊群

群呈淡黄色，由600~800枚三角形卵囊像搭积木一样堆成一个圆形或椭圆形的小平台，产完卵的肉色宝贝就趴在"烽火台"上默默站岗。

此外，宝贝科里还有许多珍稀或濒危的物种。虎斑宝贝是唯一列入我国国家重点保护野生动物名录的宝贝科种类。在我国古代，人们认为虎斑宝贝具有保佑孕妇和孩子平安的神奇功能，被称为"子安贝"，因此会让临产的孕妇手里握一个虎斑宝贝。二十世纪50年代中期，我国海南岛南端和西沙群岛还有比较多虎斑宝贝的资源，由于无限制、无休止地采捕，现在已经很难见到了，已被列为国家二级保护动物。一些宝贝科物种由于产地信息不明或种群数量稀少，出水量很有限，价格高昂，至今仍是贝类收藏家梦寐

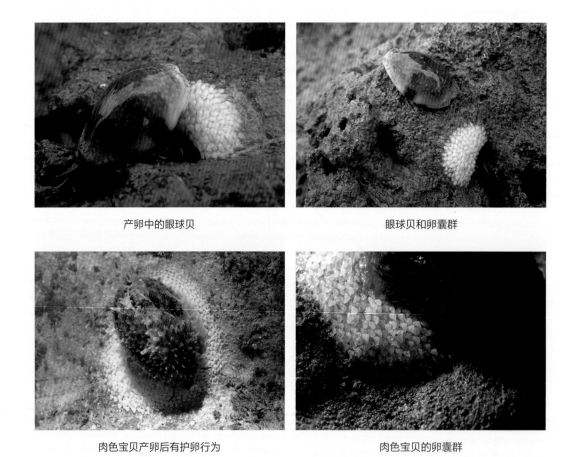

产卵中的眼球贝　　　　　　　　　　　　　　眼球贝和卵囊群

肉色宝贝产卵后有护卵行为　　　　　　　　　肉色宝贝的卵囊群

以求的收藏品，也流传着许多的传奇故事。比如被冠以"海贝中的土豪金"的黄金宝贝（*Callistocypraea aurantium*），最早由英国著名航海家詹姆斯·库克船长在塔希提岛发现，当地土著人认为黄金宝贝具有保佑家人平安和带来财运及好运的神奇魔力，因此不惜耗费大量时间和人力到斐济海域采捕回来，佩戴在脖子上作为护身符。天王宝贝、王子宝贝、金星宝贝、寺町喙宝贝等珍稀宝贝都有类似的传奇故事。

　　宝贝，是海洋中真正的宝贝。它们不仅具有食用、药用、收藏等价值，在许多热带、亚热带岛屿上仍然是当地土著人服饰上的挂件、平安符，以及宗教风俗里不可或缺的物件，流传着许多神奇的传说，同时它们还是串联起全球贸易版图的重要货币载体，是人类文明的见证者。

虎斑宝贝

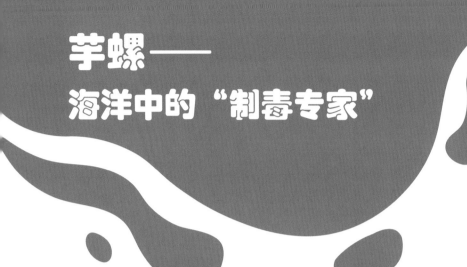

芋螺——
海洋中的"制毒专家"

对于芋螺，大多数人的认知是有毒。

为了认识芋螺的毒性和捕食机制，我曾在实验室的海水缸里养过一只吃螺的芋螺。主食为腹足类的芋螺，它的螺壳开口不大，呈一条狭长的窄长方形，但食量惊人。平时它卧在沙子里，从壳口前端伸出延长的吻，看似无所事事，其实它的吻周围有许多化学感受器，正随时监测周围的信息，尤其是美食的信号。当它发现周围有食物时，会缓慢朝食物方向爬过去，接近目标后，通过吻和眼的配合来判断是否为可口的美食以及确定下"毒针"的位置，随后，它瞄准猎物并在微秒级的时间内迅速将特化的带有毒素的鱼叉状齿舌弹射出去，猎物很快中毒麻痹，芋螺就可以大快朵颐了，吃完一只伶鼬榧螺（*Oliva mustelina*）只需要半小时时间，有时一天要吃掉3~4只螺。为了满足它的食欲，我在野外采

产卵中的鼬鼠芋螺

鼬鼠芋螺的卵囊群

集了很多伶鼬榧螺和中国笔螺，努力做好后勤保障工作。

芋螺是软体动物门腹足纲芋螺科（Conidae）物种的统称，是非常古老的类群，在地球上已经存续了5500万年。它们主要分布于热带、亚热带海域，从潮间带到深海都可以发现它们的踪迹。全球现生的芋螺有800多种，我国约有140种。由于外形上像芋头，芋螺因而得名，有些人又觉得像鸡心，因此又称之为"鸡心螺"。

所有的芋螺都是肉食性，根据食物的不同，可以分为"食虫类"（多毛类等无脊椎动物）、"食螺类"和"食鱼类"三大类。为了捕食猎物，芋螺演化出了秘制毒素，且不同食性的芋螺毒素含量和毒性都不同，每家都有许多种独特的配方，这样可以保证毒素仅对捕食目标长期有效，也不危及自己和其他生物。芋螺毒素的主要成分是多肽化合物，每种芋螺的毒素中都含有约50~200种活性多肽，可以组合出无数种毒素，是真正意义上的"制毒专家"。通常"食虫类"芋螺的毒性最低，"食螺类"的次之，而"食鱼类"的毒性最强，可刺伤脊椎动物和人类，导致中毒甚至死亡，其中最著名的是被誉为"杀手芋螺"的地纹芋螺（*Conus geographus*），据说1只地纹芋螺的毒素可以杀死10个成年人。

芋螺捕食猎物有三种机制。第一种是"广撒网"，芋螺将毒液直接释放到周围海水中；第二种是"投鱼叉"，芋螺将连接毒囊和毒管的鱼叉状齿舌射到猎物上，并注入毒素，被击中的猎物，有些呈现"休克+麻痹"状态，有些则呈现"安定且麻痹"的状态，一

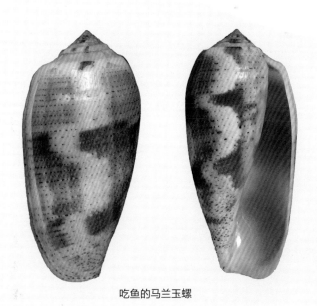

吃鱼的马兰玉螺

些芋螺鱼叉的毒性见效极快，比如线纹芋螺（Conus striatus），刺中小鱼后就直接吞食，另一些芋螺的毒性见效比较慢，它们需要继续采用"跟踪法"，慢慢跟着猎物直到毒素发挥作用再吃掉；第三种是"广撒网+投鱼叉"混合法，比如地纹芋螺使用的就是混合法。

虽然大部分芋螺的毒素对于人类而言不会危及生命，但少数芋螺尤其是部分"食鱼类"芋螺还是有致命风险的。有一个简单的办法可以从三大类芋螺中区分出"食鱼类"芋螺，就是它的螺口大小。为了把鱼吞进去，"食鱼类"芋螺的螺壳开口最大，呈不规则梯形，比如马兰芋螺（Conus tulipa），而其他两类的螺口开口较小，呈狭长的窄长方形。但是最安全的方式还是遇到芋螺时"不要触碰"，不要尝试翻过来看看螺口到底是"食鱼类"芋螺还是其他类，因为作为一种防御机制，芋螺在受惊扰时也会将带毒的鱼叉状齿舌弹射出去，齿舌可以穿透手套甚至潜水服，而且速度非常快，很可能我们在确认芋螺身份前，已经中招了。

许多事物都有两面性。虽然芋螺毒素对于人类有中毒甚至致死风险，但种类繁多的芋螺毒素是一个天然的药物宝藏库。科学家通过研究芋螺毒素研发相关药物，从而为许多人

僧袍芋螺和卵囊群

产卵中的僧袍芋螺

类的疾病治疗提供解决方案。例如通过研究地纹芋螺的ω芋螺毒素，科学家开发出了可用于替代吗啡且不产生成瘾性的强效镇定止痛药物。

生活在较深海域的芋螺需要通过水肺潜水或实验室模拟生境进行研究，但一些分布于潮间带的种类在野外就可以开展观察。我曾在野外记录过分布于潮间带珊瑚礁区的僧袍芋螺（*Conus magus*）和鼬鼠芋螺（*Conus mustelinus*）的产卵过程，它们都选择在石头上相对隐蔽的凹陷处作为产房。僧袍芋螺的卵囊群呈乳白色，由约30枚饱满的玉米粒状卵囊组成，卵囊末端出延长的柄黏附在石头上，顶部裂开一个大口，卵囊里包裹着几十颗粉色的卵，像是咧开了嘴大笑，露出嘴里粉色的牙齿。鼬鼠芋螺的卵囊群呈土黄色，由40枚左右的卵囊组成，卵囊形状像干瘪的玉米粒，前胸贴着后背，中间的空间狭窄，里面的卵也只能铺开，单层散布。鼬鼠芋螺的卵囊柄部较僧袍芋螺短，上端的开口则更狭长。

与宝贝一样，芋螺因拥有丰富的颜色、多变的花纹而广受贝类收藏者的喜爱，也流传着许多传奇的故事。在所有的软体动物中，只有4种芋螺科贝类被冠以"荣光"的称号，这不但在贝类世界独树一帜，而且放眼整个生物世界也是绝无仅有。

海之荣光芋螺（*Cylindrus gloriamaris*）也许是最具传奇色彩的贝类了，在相当长的一段时间里，人们总拿它与大海雀和渡渡鸟相提并论，因为它们都被认为是在人类的眼皮子底下"灭绝"的物种。但后来的事实证明：海之荣光芋螺的确要比另外两位幸运得多。

海之荣光芋螺

据记载，历史上第一颗海之荣光芋螺的拥有者是一位荷兰收藏家，随后这枚标本出现在1757年的一场拍卖会目录里，当时被叫作"Gloria Maris"，意为"大海的光荣"，但此后它便销声匿迹，直到20年后它才再次出现在公众的视野中，并以"海之荣光"的名字命名为新种，它也成为模式标本，至今保存在丹麦哥本哈根动物学博物馆中。在随后的一个多世纪里，全世界仅发现20几枚标本，它也顺理成章地成为当时最稀有的贝壳之一！直到1957年，当一颗海之荣光芋螺活体在菲律宾海域被捕获时，人们这才相信它并没有灭绝！随着水肺潜水技术的普及和捕捞工具的改进，越来越多的海之荣光芋螺在菲律宾和所罗门群岛被发现，如今它已不再是非常稀有的贝类，但关于它的传奇故事却一直在流传着。

曾经有一位十分自负的海贝收藏家，自以为拥有一些全世界独一无二的种类，包括一颗海之荣光芋螺。在某次拍卖会上，他发现目录中竟然有另一颗海之荣光芋螺，于是不惜重金购买下来，就在他接过这枚标本时，惊人的一幕发生了——他猛然将其狠狠地摔在地面上，并用脚踩得粉碎，然后兴奋地高呼："现在，我仍然拥有世界上独一无二的海之荣光芋螺！"

另一种印度洋荣光芋螺（*Conus milneedwardsi*）的身世颇具传奇色彩——从发现到命名居然经历了100多年时间。故事从1749年说起，当时法国著名的艺术品和奢侈品商人埃德蒙–弗朗索瓦·杰尔桑（Edme-François Gersaint）在其商品目录中赫然写着一行文字"一枚极其珍贵的贝壳"，最终这枚贝壳被收藏家班德维尔夫人（MME. Bandeville）幸运地获得，直到1780年才向公众展示，并在一篇名为《黄金金字塔海螺》（"Le Drap d'Or Pyramidal"）的文章中进行了介绍，这是最早的关于印度洋荣光芋螺的文字记录，但遗憾的是，如此精美绝伦的种类如同昙花一现，很快就被世人所遗忘。到了1899年，这种神奇的海贝才重新走入公众的视线：当时F. W. 汤生（F. W. Townsend）船长正在印度孟买西南部海域进行海底旧电缆的打捞作业，在出水的电缆外皮中找

海之荣光芋螺

到了2枚芋螺死壳（当时共发现3枚标本，可惜最大的一枚不慎落入海中），英国贝类学家J. C. 梅尔维尔（J. C. Melvill）和R. 斯坦登（R. Standen）将其命名为*Conus clytospira*（意为"杰出的螺塔"），并在描述中给予了高度的评价："毫无疑问，该种芋螺是十九世纪最重要的科学发现之一，它集杰出的花纹和颜色于一身……尤其是那独树一帜的螺塔才是其最显著的特征。"

后来发生了戏剧性的变化，人们发现这种芋螺早在1894年就已经被命名了，那一年在亚丁湾出水了两颗该种芋螺的标本，其中一颗被贝类学家F. P. 朱塞佩（F. P. Jousseaume）命名为*Conus milneedwardsi*，虽然这个名字冗长难读，但根据国际动物学命名法则的规定，发表时间早的拉丁学名具有优先权，所以*Conus clytospira*无效，尽管后者言简意赅且更具美感。值得庆幸的是，经后人研究确认J. C. 梅尔维尔和R. 斯坦登命名的标本是印度洋荣光芋螺锥塔亚种，"clytospira"也作为亚种名被保留下来。

1966年贝类学家皮特·丹斯（Peter Dance）出版了《稀有贝类》（*Rare Shells*）一书，列举了当时世界上最稀有的50种海贝，印度洋荣光芋螺的名字赫然在列，之所以能获此殊荣，除了身世传奇之外，最重要的是其数量太稀少了——当时全世界总共仅发现了十几颗标本。随着海洋捕捞技术的进步，它的产量也逐渐增加，价格也趋于平民化。当然，不管印度洋荣光芋螺的价格如何，它在人们心中的地位仍然是不可动摇的。

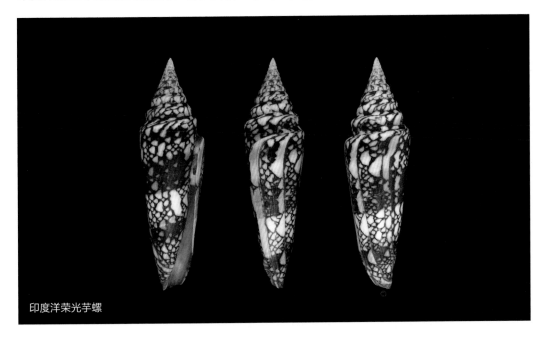

印度洋荣光芋螺

梯螺——
海洋直达天空的"螺旋天梯"

小时候我做过一个梦，梦见自己走进了一个时光门，眼前云雾缭绕，竖立着一架螺旋天梯，直冲云霄，高不见顶。我兴奋地冲上去，踩在悬空的台阶上往上爬，一圈又一圈，四周雾气蒸腾。不知道过了多久，眼看着天梯越来越细，脚下的台阶也越来越窄，头顶上是一层厚厚的云层，穿过云层应该就是天宫了吧？突然，脚底下踩空了……梦醒了。

现在不少景区都架起了螺旋天梯，但总缺少梦境中那种

从腹面看，梯螺的脐孔像是站在梵蒂冈博物馆的螺旋楼梯上往地面看，深不可测

从侧面看，梯螺像海洋直达天空的"螺旋天梯"

高不可测、云雾笼罩的感觉。直到我看到了梯螺，才发现自然界原来真的存在"螺旋天梯"。

梯螺（*Epitonium scalare*）又称为绮蛳螺，它的英文名是wentletrap，意思是"盘旋的楼梯"，这个单词十分生动地对其主要特征进行了概括：像是一段松散盘旋的白色光滑楼梯，而一条条螺肋如同台阶一般整齐划一地排列在贝壳表面。从侧面看，自壳口向壳顶，楼梯越来越高，越变越细，台阶也越来越窄，这就是美妙绝伦的"螺旋天梯"的原型。从腹面看，脐孔深而明显，像个漏斗一样越往里越窄，每一级台阶（片状肋）都延伸到脐孔内，似乎深不见底，好像站在梵蒂冈博物馆的螺旋楼梯顶层，俯瞰地面。

梯螺曾经是世界上最昂贵的海贝之一。近现代的贝壳收藏起源于十五至十七世纪的欧洲，这与文艺复兴运动的发展和大航海时代的到来密不可分。思想的解放使人们开始对自然科学产生浓厚的兴趣，广开的海路与殖民探险，不仅带来了香料、矿石和茶叶，还带来了产自异域的奇特生物。贝壳因其种类繁多、色彩绚丽、坚固耐存且充满神秘感而逐渐受到社会名流的青睐，于是，一场围绕贝壳的"争夺战"悄然展开了：远洋船刚一靠岸，守候在码头的贝壳商人便蜂拥而上，为他们的客户或雇主争抢各种新奇的藏品；一时间，贝壳成为拍卖会上的宠儿，疯狂的人们经常会因为一枚稀有的标本而豪掷千金，因此创造了许多拍卖的神话。十八世纪初，欧洲更是掀起了一股博物学热潮，收藏来自世界各地的贝类尤其是稀有种类，成为欧洲的"上流生活方式"，像梯螺这样造型奇特又稀有的贝壳自然就成为每个收藏家梦寐以求的收藏品。据记载，历史上著名的"神圣罗马帝国"的皇帝弗朗茨一世（Francis I Stephan）就曾于1750年花费了4000荷兰盾购买一颗梯螺标本，在当时4000枚金币简直就是天价！还有这样的一个故事：当时梯螺的产量非常少，"聪明的"商人曾用米粉制成了许多逼真的梯螺仿品贩卖到欧洲，那些不明真相的藏家在清洗自己的藏品时，发现它们竟然融化为一摊米糊。"米粉梯螺"的消息一下子炸开了，一时间人人自危，纷纷用泡水的方式检测真伪，以至于这些仿制品反而变成了稀罕物，如今都成了价值连城的宝物。随着拖网捕捞技术的发展，越来越多的梯螺产地被发现，虽然梯螺现在已不再稀有，但凭借其自身精巧绝伦的构造，仍然受到人们的喜爱和推崇。

梯螺广泛分布于较温暖的印度洋–太平洋海区，喜欢生活在水深超过50米、含沙和碎石较多的海底，主要通过它们长长的吻部（嘴巴）从海葵等生物体内吸取营养。人们在福建厦门环岛路海滩的贝壳堆里，常常能捡到好几种被海浪卷上来的梯螺残壳，偶尔也能捡到品相完美的梯螺贝壳，运气爆棚的时候，还能捡到一两只梯螺活体。既然厦门的海滩上有这么多梯螺壳，那么肯定就有一些适合梯螺生长的生境，理论上潮间带也有一些梯螺分布。然而，在过去几年的潮间带生物多样性调查和监测中，我并没有找到任何一颗生活在原生境里的梯螺。梯螺到底生活在哪里？

为了揭开这个谜底，我和朋友郭翔、钟丹丹开启了足迹遍及全省海岸线的"梯螺寻踪"计划。其中最重要的一个线索是梯螺通常跟海葵生活在一起，因为许多梯螺以海葵为食，找到了食物，在周围就有可能找到梯螺的踪迹。功夫不负有心人！通过近两年的努力，我们在厦门、泉州和漳州东山岛相继找到了宽带梯螺（*Epitonium clementinum*）、小梯螺（*Epitonium scalare minor*）、迷乱环肋螺（*Gyroscala commutata*）、日本梯螺（*Epitonium japonicum*）、尖刺梯螺（*Epitonium aculeatum*）和稻泽亚历山大梯螺（*Alexania inazawai*）的活体，同时记录了部分梯螺的生境和主要吃的海葵种类，以及3种梯螺的产卵场景。

厦门环岛路潮间带中潮区有一片

宽带梯螺

小梯螺

神奇的条石区，是以前用条石养殖法养殖牡蛎的区域清退后遗留下来的，绝大部分条石都从原来的竖直插入底质的状态被拔出来放平，躺在泥沙滩上，形成了独特的生境。这个区域除了极少数断掉的竖直残条上附着少量的纵条矶海葵（*Diadumene lineata*）外，几乎没有海葵分布，但我们却陆续在这里发现了至少3种梯螺，而且其中2种还在这里产卵。因此可推断这个区域并非梯螺的原生境，但至少是2种梯螺的产卵区域。宽带梯螺活体在条石区曾发现1枚，在周边沙滩海浪带上来形成的贝类堆里也发现过1枚活体。目前掌握的信息只能推断宽带梯螺是被海浪偶然带到潮间带的，它可能分布在周围的低潮线附近至潮下带或浅海。条石区记录到的其他两种梯螺是迷乱环肋螺和尖刺梯螺，而且都记录到它们产卵的过程。迷乱环肋螺的卵囊群是由上百枚包裹着沙粒的球状卵囊串起来的，它在产卵时形成一枚卵囊，在壳口处包裹沙粒形成直径约2～3毫米的圆形沙球，然后拉出一根5~6毫米长的黏丝，再产出下一枚卵囊，整个过程好像在串珍珠链子，又像在做"拔丝地瓜球"，通过黏丝将所有的卵囊连接在一起，形成一个群体。尖刺梯螺的卵囊群和产卵过程与迷乱环肋螺相似，所产的卵囊数量也差不多，只是尖刺梯螺的个头较迷乱环肋螺小，因而卵囊也较小。在条石区域产卵的迷乱环肋螺和迷乱环肋螺非个别现象，因此，它们在产卵时有可能会离开原生境而专门找其他合适的区域作为产房。

迷乱环肋螺和卵囊群

产卵中的迷乱环肋螺，像在做"拔丝地瓜球"　钟丹丹供图

尖刺梯螺和卵囊群

产卵中的尖刺梯螺

　　在厦门环岛路潮间带中潮区大型岩礁区域的石缝和低洼积水坑里，我们找到了迷乱环肋螺的原生境，它的周围都是日本侧花海葵（*Anthopleura japonica*），此外这里还分布着较小型的日本梯螺，说明日本侧花海葵是迷乱环肋螺和日本梯螺的食物之一。此外，在低洼积水坑里我们也观察到了日本梯螺的产卵过程。日本梯螺的卵囊数量和产卵方式与迷乱环肋螺类似，由于个体较迷乱环肋螺小，与尖刺梯螺相近，因此卵囊大小也与尖刺梯螺差不多，但不同的是，这个生境沙子较少，主要是比沙粒大很多的贝类碎屑、藤壶壳碎屑和小石子，因此它在产卵的时候在卵囊上包裹的是泥粒和其他粒径小的碎屑，比如有机碎屑等，因而卵囊群呈灰色。在靠岸中潮区大礁石的底部，我们也发现了日本梯螺的踪迹，它吸附在汉氏侧花海葵（*Anthopleura handi*）上或出现在其周围，说明汉氏侧花海葵也在日本梯螺的食谱里。

在日本侧花海葵周围生活的日本梯螺

在汉氏侧花海葵周围生活的日本梯螺

产卵中的日本梯螺　郭翔供图

谈到梯螺的原生境，漳州东山岛潮间带的岩礁区也需要重点介绍。这里中潮区的礁石缝隙和凹陷积水处分布着大量非常漂亮的洞球海葵（*Spheractis cheungae*）。我们在洞球海葵上发现了吸附着的迷乱环肋螺，说明洞球海葵也是迷乱环肋螺的食物之一。此外，在石缝的贝壳碎屑和海藻堆里，我们还抠出了一枚尖刺梯螺活体。这里分布的海葵除了优势种洞球海葵外，还有个体稍大的太平洋侧花海葵（*Anthopleura nigrescens*）。由于厦门发现了尖刺梯螺的产卵区域，但厦门并没有分布洞球海葵，太平洋侧花海葵则有分布，因而推测尖刺梯螺的食物可能是太平洋侧花海葵。

稻泽亚历山大梯螺是一种外形与其他梯螺完全不同的物种。最初发现时我们以为可能是滨螺科物种，因为它的外形与滨螺相似，后来通过查阅文献和深入研究，发现稻泽亚历山大梯螺居然也是梯螺家族的成员。目前观察记录的稻泽亚历山大梯螺食性比较专一，它似乎只对纵条矶海葵感兴趣。我们在厦门环岛路中、高潮区分布着大量纵条矶海葵的礁石区寻找稻泽亚历山大梯螺的痕迹，终于发现了牢牢吸附在海葵上的活体以及它产卵的场景。稻泽亚历山大梯螺卵囊群呈淡黄色，由10~40枚橄榄球形的卵囊组成，卵囊外层半透明，透出里面包裹着的密密麻麻的淡黄色卵，像一颗迷你的蚕茧，卵囊的一端黏附在基质上，呈簇状排列。稻泽亚历山大梯螺产卵时选择在纵条矶海葵边上就近生产，有些则直接产在海葵上，也许这样可以在大量耗能的生产过程中，饿了就吃上一口补充能量，但更大的可能是为后代提供一个最佳的生境，幼体孵化后就可以在寄主附近活动，不需要做漫无目的地长距离奔波。

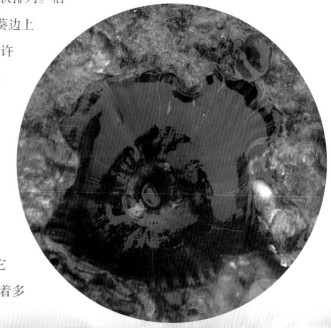

另外，在厦门东渡附近低潮区的礁石区域，我们在石头凹陷处的贝壳和沙石堆里，发现了小梯螺活体。然而它的附近没有海葵分布，而稍远处又分布着多种海葵，因此暂时无法推测它的食物。

稻泽亚历山大梯螺正在吮吸纵条矶海葵的汁液

稻泽亚历山大梯螺将卵囊群产在纵条矶海葵周围

稻泽亚历山大梯螺的卵囊群由橄榄形卵囊簇状排列而成

福建潮间带 6 种梯螺的生态信息

种类	原生境	产卵区域	卵囊群	食物
迷乱环肋螺	中潮区的礁石缝隙和凹陷积水处	中潮区泥沙滩的条石上	呈黄色，由黏丝将上百枚包裹着沙粒的球状卵囊串联而成	日本侧花海葵、洞球海葵
日本梯螺	中潮区的礁石缝隙和凹陷积水处	中潮区的礁石缝隙和凹陷积水处	呈灰色，由黏丝将上百枚包裹着泥粒或碎屑的球状卵囊串联而成	汉氏侧花海葵、日本侧花海葵

（续）

种类	原生境	产卵区域	卵囊群	食物
尖刺梯螺	中潮区的礁石缝隙和凹陷积水处	中潮区泥沙滩的条石上	呈黄色，由黏丝将上百枚包裹着沙粒的球状卵囊串联而成	太平洋侧花海葵
宽带梯螺	未知	未知	未知	未知
小梯螺	低潮区礁石上凹陷处的贝壳和沙石堆	未知	未知	未知
稻泽亚历山大梯螺	中、高潮区礁石上	中、高潮区礁石上的纵条矶海葵周围	呈浅黄色，由10~40枚橄榄球形卵囊簇状排列而成	纵条矶海葵

　　从400多年前极其稀有、身价高昂的贝类贵族，到如今关于栖息地、食性和繁殖策略的深入探究，梯螺家族总有无穷的魅力和数不尽的秘密，期待更多人去发掘。

花蛤——
双壳贝类的代表

夕阳西下，出海的舢板陆续返航，霞光染满了鳄鱼屿的海滩，为岸边的红树林镶上了金边。我在鳄鱼岛大榕树下荡着秋千，等待出门赶海的鳄少（林大声）返程。天黑前，鳄少拎着小半桶刚挖的花蛤回到厨房，跟我简单寒暄了几句，开始做晚餐。锅热下油，将葱、姜、蒜和老萝卜干煸香，加入酱油和水，再放入花蛤盖上锅盖，不出五分钟，一道热腾腾的"炒花蛤"就出锅了。这种用酱油和水烹饪海鲜的做法，统称为"酱油水"，这是厦门人对海鲜独特的尊重，而老萝卜干则是"酱油水"的灵魂伴侣。在厦门，"酱油水"可以烹饪一切海鲜。

如果要评选一道中国最受欢迎的海鲜料理，那非炒花蛤（有些地方也叫炒花甲）莫属，如同番茄炒蛋在中国人餐桌上的地位一般。从南到北，从沿海到内陆，无论是饭店、街头露天大排档还是家庭餐桌，炒花蛤是最常出现的美食之一。目前最常用来制作炒花蛤的贝类是菲律宾蛤仔（*Ruditapes philippinarum*），这种贝类含有多种氨基酸、微量元素和丰富的蛋白质，浓缩了大海的精华，堪称"天下第一鲜"。从菲律宾蛤仔提取的"蛤晶"是纯天然的调味品，一道料理中只需要加入十来个花蛤，鲜味瞬间大幅提升。此外，菲律宾蛤仔的价格非常亲民，加上大面积的人工养殖和发达的现代化物流，让炒花蛤得以走进千家万户。一道平凡的炒花蛤，串联着无数的场景和故事。有些人从中维系杯盏觥筹的友情，有些人从中品尝遥远海洋的味道，有些人则从中回味家乡的温情。

除了菲律宾蛤仔，在一些沿海地区还保留着具有当地特色的"花蛤"，从北到南有等边浅蛤（*Macridiscus aequilatera*）、半布目浅蛤（*Macridiscus donacinus*）、青蛤（*Cyclina*

菲律宾蛤仔

sinensis）、杂色蛤仔（*Venerupis aspera*）、波纹巴非蛤（*Paratapes undulatus*）、沟纹巴非蛤（*Paphia philippiana*）、锯齿巴非蛤（*Protapes gallus*）、短圆缀锦蛤（*Tapes sulcarius*）、四射缀锦蛤（*Tapes belcheri*）、缀锦蛤（*Tapes literatus*）等，这些双壳贝类的共同特点是两壳侧扁、多具花纹，因此被统称为"花蛤"（或花甲）。除了物种不同外，各地的做法和添加的调料也存在差异，有些地方加辣椒，有些地方加豆瓣酱，有些地方加蚝油，而厦门的酱油水独树一帜。

　　鳄少请我吃的花蛤也是菲律宾蛤仔。虽然名字听起来像舶来品，事实上它是我国沿海的本土物种，而且是适应能力最强、分布范围最广的双壳贝类之一。这一优秀的素质让它深受养殖业青睐，成为养殖量最大的蛤类。形成规模化养殖的前提是种苗繁育技术，早在二十世纪80年代我国就已经开展菲律宾蛤仔人工繁育研究并获得成功，经过近40年的发展，我国的菲律宾蛤仔育苗和养殖技术已经非常成熟了。

菲律宾蛤仔隶属于软体动物门双壳纲帘蛤科物种。包括菲律宾蛤仔在内的大部分双壳类都是雌雄异体，而雌雄同体的种类较少，约占双壳类的5%左右。双壳类的生殖腺较简单，通常是1对大小相等、形状相同的结构，对称排列在内脏囊的两侧、消化腺的周围。有些种类的生殖腺扩张到左右两侧或其中一侧的外套膜中。

无论雌雄异体还是雌雄同体的双壳类，贝壳在外观上难以区别，只有到了繁殖季节生殖腺发育时，才能通过壳内软体透出的生殖腺颜色的不同来区分雌性和雄性。比如珍珠贝亚目（不等蛤科、珠母贝科、扇贝科）物种，生殖腺发育成熟时，雌性呈褐红色、橙黄色或橘红色，雄性呈黄白色或乳白色。菲律宾蛤仔的雌性生殖腺（卵巢）呈乳白色，雄性生殖腺（精巢）呈淡黄色或淡粉红色，且表面分枝状网纹粗而明显。

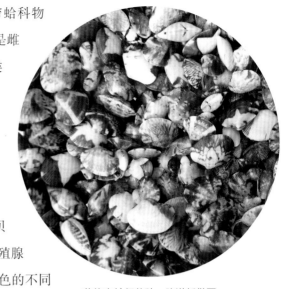

菲律宾蛤仔苗种　陈洪新供图

在自然环境中，菲律宾蛤仔生殖腺的发育受到诸多因素尤其是温度的影响，南、北方不同产地的菲律宾蛤仔的生殖腺成熟期和持续时间也存在很大差异，比如辽宁的生殖期从5月末一直持续到10月初，而福建的生殖期通常在10~11月，如果要实现规模化、产业化养殖，野外采集的菲律宾蛤仔幼贝显然无法满足需求。如今，科学家和技术员们已经熟练掌握了菲律宾蛤仔的全套人工育苗技术，其中最关键的是通过人工控温的方法"催熟"，从而让菲律宾蛤仔的生殖腺根据研究、育苗和养殖的具体需求较自然条件下尽可能提前（或滞后）、集中、同步发育成熟。生殖腺成熟的菲律宾蛤仔开始往水里排放卵子和精子。由于卵子和精子太小，肉眼无法看清，只能看到排卵和排精过程亲贝周围的海水"雾化"变朦胧了。在100倍的光学显微镜下观察，卵子大多呈圆形，直径约70~80微米，但精子太小，全长仅约20微米，只能看到一个反光的白点。在电子显微镜下，精子的形态才能够很好地呈现，它们的头部较粗，顶端尖，呈长棒状，尾部鞭毛细长。排出的卵子和精子在水中完成受精，受精过程需要控制在1小时内完成，才能保证较稳定的受精率和孵化率。

经过20~24小时，受精卵孵化为浮游期幼体，像一个大写的字母"D"，因此又被称

正在排精子和卵子的菲律宾蛤仔

光学显微镜下的菲律宾蛤仔的
卵子和精子　陈洪新供图

为D形幼体。根据浮游期的不同阶段，需投喂不同的微型藻类。幼体在水中浮游约7~14天后，才能附底进入稚贝阶段，此时已经拥有了2片半透明的壳，但个头还是很迷你，平均壳长只有180微米左右。再经过一段时间的悉心照料，稚贝的个头就达到了出池标准成为苗种，可以投放到养殖环境中进一步长大，最终到达各地菜市场和家家户户的餐桌上。

酒过三巡，不知不觉已近午夜。鳄少起身去整理次日开展红树林生态修复活动所需的物料，我仍然坐在桌边，用筷子拨弄着桌上成堆的菲律宾蛤仔壳，它们颜色非常丰富，有黄色、棕色、褐色、白色等，花纹变化多端，有辐射状的、锯齿状的、波纹状的、山峰状的，没有一个是完全相同的，完美诠释了"花蛤"的本意。

看着这堆食余，我仿佛看到了菲律宾蛤仔从生殖腺成熟到受精卵、D形幼体、幼贝再到成品贝的一生；看到了渔民辛勤劳作养殖

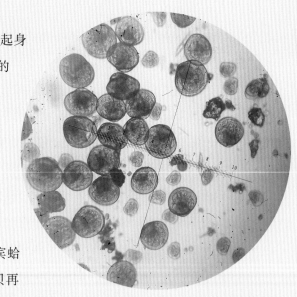

光学显微镜下的菲律宾蛤仔的 D 形幼体　陈洪新供图

和采捕菲律宾蛤仔的过程；看到了有些地方的渔民在养殖前用化学品消灭养殖区其他底栖动物的场景；也看到了在赶海热潮下一些保护地周边公众大规模、无序地挖花蛤"盛况"。保护和合理利用从来都不是对立面，却是一个永恒的议题，需要不断地探索、论证、实践和矫正，才能真正达到可持续发展的目标。

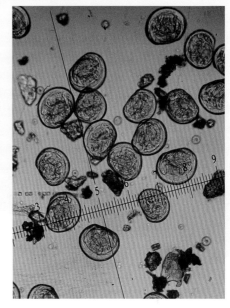

光学显微镜下的菲律宾蛤仔的 D 形幼体　陈洪新供图

正在进行人工催熟的菲律宾蛤仔亲贝　陈洪新供图

正在进行人工催熟的菲律宾蛤仔亲贝

柑橘荔枝海绵——
海洋的"荔枝"

"日啖荔枝三百颗，不辞长作岭南人"宋代苏轼七言绝句《惠州一绝》中最为脍炙人口的两句，描绘的是号称"南国四大果品"之一的荔枝。成熟的荔枝果皮呈鲜红至紫红色，表面有鳞斑状突起，果肉呈乳白色半透明凝脂状，香甜可口，广受大众喜爱，但有一个缺点是不耐储藏。历史上喜食荔枝最出名的人物是唐代杨贵妃，据说荔枝是她最喜爱的两种东西之一，尤其是产自广西岭南地区的品种。唐玄宗李隆基为博芳心，不惜开通"八百里加急"通道，专程为杨贵妃运送新鲜的荔枝，唐代诗人杜牧在《过华清宫三首·其一》以"一骑红尘妃子笑，无人知是荔枝来"的诗句记录了当时的场景。但很多人不知道，海洋里也有"荔枝"。

在我国沿海潮间带低潮线附近，分布着一种长相酷似荔枝的海绵——柑橘荔枝海绵（*Tethya aurantium*）。这种海绵黏附在礁石上，通常呈球状，表面布满疣突，有些呈红色

柑橘荔枝海绵（橙黄色）

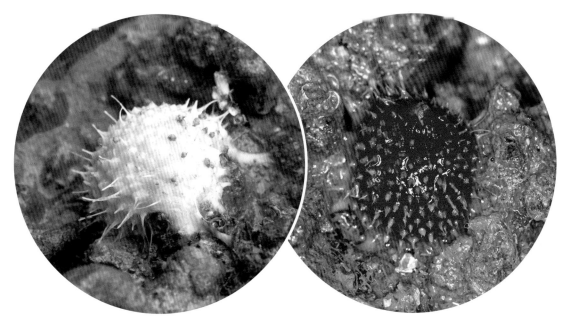

柑橘荔枝海绵（黄白色）　　　　　　　　　柑橘荔枝海绵（紫红色）

至紫红色，乍一看像是石头上结出了一颗颗荔枝。其实除了红色和紫红色，柑橘荔枝海绵还有白色、黄色、橙黄色等不同的颜色。

　　说到海绵，大家可能最先想到的是动画片《海绵宝宝》里那块穿着短裤衬衫、打着领带、有着龅牙和大眼睛的可爱的黄色海绵。由于海绵具有良好的吸水性，我们在日常生活中也常能见到，但大多数是人造海绵，比如用于洗碗的海绵百洁布、用于沐浴的海绵浴球、用于填充的合成海绵等。当然，也有经过繁琐工序加工而成的天然海绵，但价格相对高昂，通常用于清洁或绘画领域。

鹿茸状的蜂海绵

海绵到底是动物还是植物？这个问题争论了很久。由于它们外形像植物，又不会动，因而在很长一段时间里，人们误以为是植物，直到十九世纪中叶才被归入动物界。

海绵是最原始的多细胞动物，在整个动物界的演化树上位于最基部，是所有动物中最先分化出来的一类，早在6亿年前，海绵已经生活在海洋里了。现生的海绵物种中，除了极少数种类生活在淡水中，绝大部分均固着生活于海洋中，并成为一个庞大的家族。

面包软海绵

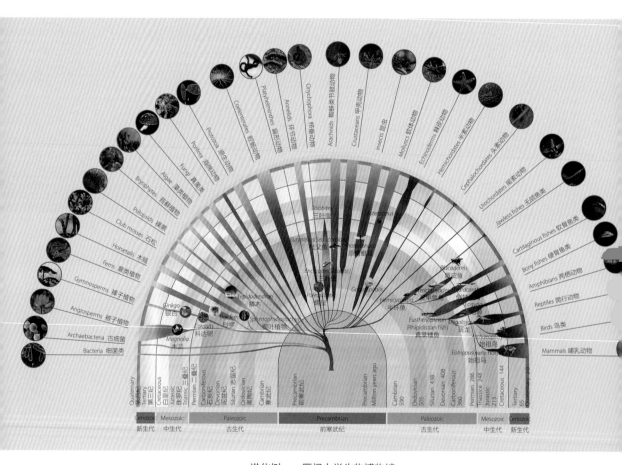

进化树——厦门大学生物博物馆

海绵隶属于多孔动物门（Porifera），顾名思义，海绵群体上布满了孔洞，具有较发达的水管系。但为什么说海绵是最原始的多细胞动物呢？事实上，海绵群体大多仅由内、外层细胞包裹中胶层构成，没有明显的组织，没有具有功能的器官分化，更谈不上呼吸、消化、循环等系统了。简单来说，海绵动物就是无头、无脑、无心、无肺、无神经、无四肢、无器官的"多无"低等生物。因此，它们只能依靠海浪和洋流的作用，通过布满全身的小孔洞、孔里生长的许多鞭毛和类似筛子的环状物、以及内层的领细胞相对被动地获取氧气和过滤有机碎屑等营养物质，并清除体内的废弃物，这是典型的"靠海吃海"。

弯曲管指海绵

海绵动物种类繁多，颜色丰富，造型各异。海绵的颜色主要取决于与之共生的藻类，有白色、黄色、绿色、蓝色、紫色、红色，甚至黑色。海绵群体的形状多种多样，除了像荔枝一样的柑橘荔枝海绵外，还有桶状、管状、烟囱状、面包状、烙饼状、鹿茸状、树枝状、块状等造型，但在自然界中，像"海绵宝宝"那样方方正正造型的海绵几乎不存在。由于物种、生境等因素的影响，海绵群体可大可小，有些海绵群体甚至可长到数米长，比

澳洲砂皮海绵

如澳洲砂皮海绵（*Chondrilla australiensis*），平铺在巨大的礁石侧面，加上光亮的质感，像极了在礁石上倒满了融化的巧克力酱。

　　海绵动物虽然原始且低等，但它们能在地球上存续6亿年，最重要的法宝是繁殖策略。海绵的繁殖分为无性繁殖和有性繁殖，无论是哪种繁殖方式，都离不开它们中胶层中的原细胞，这些原细胞可以演变为多种细胞，因此也被称为变形细胞。当海绵动物进行有性繁殖时，原细胞可转变为生殖细胞，但有性繁殖通常无法通过肉眼观察。当海绵动物进行无性繁殖时，通常以出芽生殖的方式进行，位于中胶层的原细胞迁移到表面聚集成团，并发育成一个个小芽体，随后从母体脱落再发育成新海绵。出芽生殖通常肉眼可见，当柑橘荔枝海绵进行出芽生殖时，圆球形的母体上布满了"迷你棒棒糖"，很像某种放大版的病毒模型。随后，这些"迷你棒棒糖"会逐渐脱离母体，寻找合适的生境，结出一颗颗新鲜的"荔枝"。除此之外，海绵中胶层的原细胞还具有很强的再生能力，即便遇到逆境，或被咬成碎片，它们也有机会长成一个个新海绵。这一系列组合拳式的繁殖策略，让海绵拥有了近乎无敌的超能力，征服各种复杂的海洋环境，成为地球上既古老又富有生命力的类群。

柑橘荔枝海绵出芽生殖

柑橘荔枝海绵

海参——
"断舍离" 的最高境界

作为潮间带的铁杆粉丝，每年我都要花大约1/3的时间"赶海"，探寻潮间带丰富的生物多样性和无数未解之谜。同时，我也会组织各种活动带领公众前往潮间带分享知识和故事。

有一次，我带着几个小朋友前往海南文昌的会文湿地探秘。这里被誉为"教科书式的海岸带"，同时拥有保存较好的红树林、海草床和珊瑚礁三大滨海湿地生态系统。我带着孩子们穿过红树林，深入林外裸露的光滩，走着走着，突然有个小朋友大叫起来："刘老师，快看，这是谁干的？"大家都迅速朝着叫声方向聚拢，果然在一块凸起的小礁石上卧着一坨黑色的物休，看起来确实像哺乳动物的便便。我内心窃喜，假装面带惊讶的表情将"便便"捧了起来，它居然吐出了白色的"乳胶"。此时，全场的小朋友都沸腾了，刚才那个大叫的小朋友这次叫得更大声："便便怎么还会拉便便！"

其实，这是海南潮间带常见的玉足海参

长得像便便的玉足海参

［*Holothuria (Mertensiothuria) leucospilota*］。
它生活在珊瑚礁周围的潮池或底面，吞食
珊瑚沙并以其中的有机碎屑等为食，而
那些白色"乳胶"是它的秘密武器。

玉足海参

　　大多数人对海参的认知可能源于餐
桌，而在野外亲眼看到的却很少。海参身
体柔软，含有大量的水分，行动又缓慢，它
们无法像鱼类一样快速游动，没有贝类坚硬的
外壳保护，也不像刺豚那样会鼓成刺球，它们
遇到危险时，如何应对呢？海参有自己的生存秘籍。

黑囊皮参

黑囊皮参遇到刺激时将触手和内脏排出

喜欢裹泥沙的黑海参

黑海参遇到刺激时将肠道和橘红色的生殖腺排出体外

秘籍一：吐内脏

包括黑海参 [*Holothuria (Halodeima) atra*] 和黑囊皮参（*Stolus buccalis*）在内的许多海参在遇到刺激或危险时，会将内脏的一部分甚至全部吐出来，这些"呕吐物"包括肠道、生殖腺和触手等，具有丰富的营养，用以转移天敌的注意力，海参就可以伺机慢慢溜走。海参的再生能力很强，通常只需要一个月左右的时间，它丢掉的内脏就可以复原。

图纹白尼参吐出的居维氏管变成了黏性十足的"胶水"

秘籍二：吐"胶水"

部分海参，比如玉足海参，在遇到危险时会吐出白色的"胶水"，这是一类偏物理性的武器。这类海参具有一个位于呼吸树基部的结构，叫作居维氏管（Cuvierian tubules），因最早由古生物学家乔治·居维尔（Georges Cuvier）描述而得名。遇到刺激时，它们会从肛门里排出居维氏管，居维氏管遇水迅速膨胀，犹如快速挤出的牙膏，具有特殊的异味，还有极强的黏性，其黏性不亚于502胶，可以将捕食者黏住。我的手曾被玉足海参和图纹白尼参（*Bohadschia marmorata*）喷出的"牙膏"黏住，抠了好久才抠干净。

图纹白尼参

秘籍三：吐"面条"

有些海参例如黑斑白尼参
（*Bohadschia vitiensis*）也具
有居维氏管，它在遇到危险
时同样会排出居维氏管，
像肛门外挂了一大捆白色
"面条"。但它的居维氏管
遇水并不变长，也不会迅速
膨胀，而且也不具有黏性，这捆
"面条"的作用类似黑海参吐出来的
内脏，用于转移敌人的注意力。

黑斑白尼参吐出的居维氏管变成了"面条"

秘籍四：排毒液

部分海参在遇到危险时会排出毒液，这是一种化学武器。巴哈马阿
氏辐肛参（*Actinopyga agassizii*）在受刺激时会将整个丛状红色的居维
氏管排出，虽然它的居维氏管遇水也不变形且不具黏性，但对鱼和其他
动物具有很强的毒性。更多其他的海参主要通过皮肤分泌麻醉物质，比
如黑海参在遇到危险时会从体壁流出紫色液体，对小鱼小虾具有麻醉作
用。我国台湾的渔民善于利用这种天然的麻醉剂，他们把周围收集到的
大型黑海参放进潮池中揉搓，黑海参随即分泌出紫色液体，将潮池中的
小鱼小虾逐渐麻醉，这样抓起来就不费吹灰之力了。

秘籍五：自缢

　　"自缢"的最典型代表就是黑海参。黑海参遇到环境突变或危险时，它先将身体前端抬起，而后扭转两圈，扭转处周围的组织被它吸收掉，逐渐变细，从而减少伤口的面积，并最终分离为两段。这样其中的一段留给捕食者吃，另一段就趁机逃跑，很快又能恢复为一只完整的个体，从而获得生存的机会。我在厦门潮间带发现另一种光溜溜的肉色海参——棘刺锚参（ *Protankyra bidentata* ），它住在淤泥滩的洞里，肚子饿了就从洞中钻出蛇形的身体，用位丁前端的触手在水里捕食。由于野外观察具有很大的局限性，我将一只棘刺锚参带回实验室的模拟海缸中，希望做进一步研究。当第二天我去看它时，发现棘刺锚参不见了，缸里只找到了15段残体。原来，棘刺锚参才是海参"自缢"界的天花板，它在遇到危险或逆境时能自割成十几段，即便是其中的十段被敌人吃掉，另外的几段还有机会长成新的个体。

　　海参和海胆、海星、海蛇尾、海百合都是棘皮动物大家族的成员。棘皮动物是无脊椎动物中的"高等类群"，具有一些共同的特征：身体呈辐射对称（通常具5辐）、有真正的体腔和特殊的水管系、具由石灰质构成的内骨骼，此外，体表常有棘刺和疣突。

横分裂后长成的小海参们

住在滩涂洞里的棘刺锚参

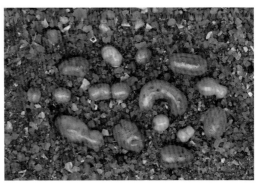

棘刺锚参自缢为 15 段

棘皮动物多为雌雄异体，但雌雄个体在外观上并没有差别。繁殖季节，雌性和雄性将生殖细胞（精子和卵子）释放到水体中，在水中完成受精，这个过程通常在晚上进行。我曾在海缸里观察到高腰海胆（*Mespilia globulus*）释放生殖细胞的盛况，当时是晚上7点左右，在一个养了几十只高腰海胆的海缸里，有一只高腰海胆的顶部出现了絮状乳白色物质，并逐渐扩散开来，随后周围的几只海胆从水体中感应到信号，也开始往水中释放生殖细胞，很快这个信息就蔓延开来，缸里所有的高腰海胆都加入了繁殖的狂欢，顿时将整缸海水染成了淡乳白色。

我国东海、南海和台湾海峡的海参物种大多在春天或夏天繁殖，生殖季长达2~4个月。不同海参种类繁殖的时间，主要取决于海参成体的食物丰富度。当春季或夏季环境中食物丰富时，海参们能够获取足够的营养和能量，支持生殖腺的发育。它们的有性繁殖盛况与高腰海胆类似，大多是往海水中分泌生殖细胞，在体外完成受精。

但是，有些海参掌握了一种特殊的无性生殖方式——横分裂生殖，除了黑海参和棘刺锚参外，扣环海参［*Holothuria (Platyperona) difficilis*］和非洲异瓜参（*Afrocucumis africana*）等物种也掌握了

呈菊黄色的雌性海参生殖腺

呈乳白色的雄性海参生殖腺

高腰海胆往水中释放生殖细胞　高张斌 供图

横分裂方式的无性繁殖是部分海参的主要繁殖方式

这种本领。它们"自缢"成数段不仅仅是一种遇到敌害时的生存方式，也是很重要的无性繁殖策略。当环境突变，如夏季高温或正午大退潮引起的环境剧变时，都可能诱导它们启动"自缢"行为。

海参的"自缢"，看似是一个非常残忍且痛苦过程，但其实体现了"断舍离"的最高境界，也充分代表了海参的生存智慧。

鲎——
远古来客

由于红树林大型底栖动物研究的需要，我曾在过去十多年的时间里几乎走遍海南的红树林分布区，也在海口东寨港、文昌会文、儋州新盈湿地多次遇到鲎或其尸体。有一次在会文涨潮的红树林里开展调查，一对圆尾蝎鲎（*Carcinoscorpius rotundicauda*）抱对从脚边游过，我激动得差点把相机甩到海里。因为在野外撞见一对成年鲎抱对上岸产卵，简直比中彩票还难。

鲎，因其外形略呈马蹄形，在英文中俗称Horseshoe crab（马蹄蟹），在中国民间常被称为"夫妻鱼"。其实鲎既不是蟹也不是鱼，隶属于节肢动物门肢口纲剑尾目鲎科的物种，现存4种，包括分布于北美东海岸的美洲鲎（*Limulus polyphemus*），分布于亚洲沿岸的中国鲎（*Tachypleus tridentatus*）、南方鲎（*Tachypleus gigas*）和圆尾蝎鲎（也叫圆尾鲎）。其中我国分布有中国鲎和圆尾蝎鲎两种。

鲎的长相怪异，类似一个残留着藤蔓的大葫芦，以至于许多人误将其头尾颠倒来认知，又得名"海怪"。我小时候第一次见到活的鲎是在大院里的邻居家，一开始误以为长有尖尖的"剑尾"一侧是它的头部，圆圆的"大葫芦底"是它的尾部，直到它开始爬行，才发现原来是反过来的。其实鲎所带来的困扰在资讯不发达的古代更严重，一些看不到实物的古籍作者在对"鲎"字的造字结构分析、参考资料中有限的文字描述和道听途说的基础上，进行艺术加工，从而臆造出了鲎的形象，比如《三才会图》《山海经图》《本草纲目》和《古今图书集成》等，均将鲎绘制为鱼的变异体。由于外形奇特，民间还开发出了特殊的功用。在福建闽南地区的居民将完整的鲎壳悬挂于门楣之上，用以镇宅辟邪。而我国台湾金门则将鲎腹部的壳彩绘成"虎头牌"悬挂于大门口，有异曲同工之妙。

虎头牌

鲎具有典型的三段式结构，分为头胸部（覆盖弯月形的头胸甲）、腹部（覆盖六角形的甲）和尾部（剑尾）。头胸甲的前端有1对小眼睛，只能感光，在其两侧有1对对称的大复眼，具有成像的功能，可以加强所看到的图像的反差，人们研究了鲎复眼的原理，将其应用于一些电视机和摄像机的研发。除了这4只眼睛外，鲎还有6只眼睛；头胸甲下有6对附肢，其中第1对成为螯肢，是吃饭的"餐具"，用于捕捉食物，其他五对是步足，在这些附肢中央是它的口，像极了系列科幻电影《异形》里的"抱脸虫"，这也是鲎所属的"肢口纲"名称的由来；背甲的两侧有6对缘棘，主要功能是防御；背甲的腹面是像书页一样的5对书鳃，通过书鳃的扇动呼吸，也辅助游泳，这与早期流行的叶片平扁层叠、上下窜动灵活的百叶窗颇为相似，因此厦门人将百叶窗称为"鲎百页"。尾部是一根长长的、锋利的、横截面呈三角形的剑尾，主要功能是防御，但是在鲎侧翻、仰倒时，必须依靠剑尾的支撑才能翻身。

中国鲎的壳蜕 　　　　中国鲎不同龄期幼体　关杰耀供图

此外，人们还有一个常识性的误区，即认为鲎的血是"蓝色"的。其实鲎的血液无色，因其中含有铜离子，在遇到氧气后才会显蓝色。

鲎常被人们称为"活化石"。

目前已知最早的始鲎类化石出土于摩洛哥距今约4.85亿年的早奥陶世Fezouata生物群。2008年，古生物学家在加拿大发现了距今4.45亿年的晚奥陶世"月盾鲎"化石，已经与现代的鲎一样有了三段式身体结构。此后的各个地质年代，鲎化石均有分布，一直到距今约2亿年前的中生代侏罗纪，鲎的外形已基本与现生种一致。

鲎是一个非常成功的物种演化案例。它们在演化早期就已找到合适的生境和生态位，演化出对应的形态和生理机能，随后经历了漫长的地质年代演化过程一直在持续，只是早期的演化结果几乎不用大改，而且保用5亿年。从始鲎类起，鲎就演化出了三段式的身体结构（高效的呼吸、运动和进食器官）和适应性强的生理机能（应对低氧和温度跨度较大的环境），从而一劳永逸。

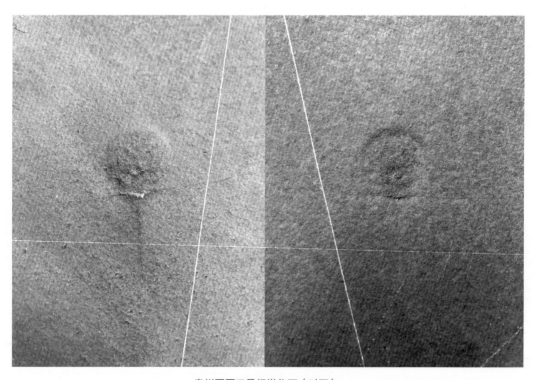

贵州罗平三叠纪鲎化石（对开）

鲎的成功还得益于较强的繁殖能力。

宋代《尔雅·翼》中写道："雌常负雄，虽风涛终不解，故号鱼媚。失雄则不能独活，渔者取之必得其双……"，描述了鲎在繁殖季节借高潮上岸雌雄交配产卵时的场景。每年4~9月份的大潮时，体型更大的雌鲎会背着雄鲎集体迁移到高潮线附近的粗沙质沙滩产卵。此时，渔民们捕捞到的鲎都是成双成对的。在整个繁殖季，雌鲎都毫无怨言地背着雄鲎，密不可分，唯一的分开时段，是雌鲎在沙滩里产卵后，雄鲎才爬卜去释放精子让卵群受精。为了实现这种如胶似漆、亲密无间的状态，雄、雌鲎在结构上都有一些特化。比如雌鲎背甲缘棘的后三对变短，几乎不突出，而雄鲎的第二对和第三对附肢特化为钩子状，刚好可以紧紧勾住雌鲎背甲后三对缘棘特化的位置，同时，雄鲎头胸甲的前缘特化出一个凹陷处，有助于趴在雌鲎背上时严丝合缝地扣住隆起的雌鲎头胸甲的后部。

一对抱对的圆尾蝎鲎

圆尾蝎鲎的卵　符益健供图

根据北部湾大学海洋学院关杰耀教授等专家的研究表明，一个繁殖季每只雌鲎会挖多个坑产下大量的卵。其中圆尾蝎鲎每个坑产卵量约为13~90颗，平均直径约2毫米；中国鲎每个坑产卵量约为195~573颗，平均直径约为3毫米。鲎产完卵会用沙子将卵盖住，它们的卵均呈褐色，孵化期约50天。

孵化出来的幼鲎常会爬到红树林周围的淤泥质或泥沙质滩涂生活，取食浮游生物和有机碎屑等，通过不断的蜕壳而长大。它们生长缓慢，在潮间带度过8~14年，经历9~16次蜕壳后，才会慢慢爬向潮下带水深40米以内的浅海生活。鲎的爬行很有意思，会形成明显的川字形"鲎道"。它们在泥滩上爬行时，位于前方的头胸甲类似推土机，在表面留下一条平坦的道路，而位于后面的剑尾，则在路中央留下细细的刮痕。退潮时，幼鲎们喜欢将自己藏在泥里，但只要注意找川字形的"鲎道"，在"鲎道"的尽头，一定能找到躲藏的幼鲎。

鲎的一生中一直在潮间带和浅海区域上上下下，或原地打转。由于种种原因，鲎的生存面临着巨大的挑战。目前，生境破坏和过度捕捞是鲎

中国鲎的卵　符益健供图

幼鲎与其生境

资源显著衰退的两大原因，具体包括海岸带围垦、沿海基础设施建设、海沙抽取、海水养殖、非法捕捞和过度利用等活动影响。其中填海项目和海岸基础设施建设造成鲎栖息地的直接丧失，而海砂抽取被认为是中国东南沿海鲎产卵生境退化的重要原因。

近几年，面对日益严重的鲎资源的破坏和退化，国际社会、政府部门、保护地管理机构、科研院校、社会公益组织等都在努力，希望扭转这种局面。2012年世界保护大会通过一项有关保护亚太区三种鲎的提议；2019年3月，世界自然保护联盟（IUCN）将中国鲎列为濒危等级物种；2019年6月，第四届国际鲎科学与保护研讨会发布《全球鲎保护北部湾宣言》，将每年的6月20日定为"国际鲎保育日"；2020年IUCN鲎专家组启动了"亚太区鲎观测站网络计划"，该计划于2021年在中国试行；2021年2月，调整后的《国家重点保护野生动物名录》正式公布，中国鲎和圆尾蝎鲎升级为国家二级保护动物。

鲎在民间有许多美好的寓意。因其成双成对出现，渔民称之为"夫妻鱼""鸳鸯鱼"，寓意忠贞不渝的爱情；在福建方言的发音中，鲎与"孝"和"好"同音，寓意传统孝道，以及家庭和美，因此，常被刻在老宅的木雕或石柱上。从早奥陶世至今，鲎穿越了亿万年的时光，闯过了五次生物大灭绝，来到我们身边，带来美好的寓意和祝福，也为人类做出了重要的贡献。希望公众能够自觉保护鲎，让它们自由愉快地在滩涂上写下一串串"川"字，绵延不绝。

螃蟹——
一生要换很多套 "新衣"

在每次公众教育活动分享潮间带故事时，我都会问一个问题："包括两只大钳子在内，螃蟹共有几条腿？"很快场下就会有各种答案出现，小朋友们尤其踊跃，其中"8条"和"10条"的声音最多。

我们俗称的螃蟹，在分类上隶属于节肢动物门甲壳纲十足目（Decapoda），也就是说它们都是十条腿的动物，最前面的一对足特化成了螯足（大钳子），其他4对为步足，有些种类的最后1对步足或全部4对步足末端延展为桨状，既能爬行，也善于游泳。有时也能看到少了1个大钳子或少了2~3条步足的螃蟹，它们很可能是因为打架断掉了，或者遇到危险

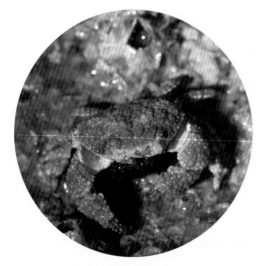

菜花银杏蟹抱卵

聪明关公蟹抱卵　郭翔供图

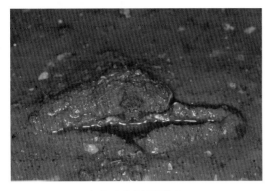

切缘武装紧握蟹抱卵　　　　　　　　雄性厦门近爱洁蟹从背部抱夹雌性

比如被捕食者咬住不放时弃足逃生。好在螃蟹的腿具有很强的再生能力，有机会在下次蜕壳时将断掉的足重新长出来。

我的朋友陈旻（海王弗兰克）曾养过一只网红"蟹坚强"，这是一只常见的肉球近方蟹（*Hemigrapsus sanguineus*）。他的家中有许多鱼缸，养着各种各样不同食性的海洋生物，因而要定期采购它们的口粮，"蟹坚强"就是鲨鱼的口粮之一。有一次他在清理鱼缸时发现了这只10条腿全部掉光的"蟹坚强"，腹部还有一道大口子，显然它是从鲨鱼的口中侥幸逃脱的幸运儿，但失去了所有足的"蟹坚强"属于一级伤残，丧失了绝大部分的捕食能力，防御能力也大打折扣，遇到捕食者是只能靠坚硬的外壳硬扛，无法反抗或逃脱，毫无招架之力，相当于等死。陈旻给"蟹坚强"安排了单身公寓（隔离盒），每天把虾仁和鱼肉送到它嘴边，好在螃蟹还有由大、小颚和颚足组成的强大口器，对放在嘴边唾手可

交配中的四齿大额蟹　　　　　　　　四齿大额蟹抱卵

得的美食具备基本的抓握能力，只要胃口好，吃饭完全没问题。经过20多天悉心的照料，"蟹坚强"蜕壳并长出了10条全新的腿。

那么为什么在提问时设置了前置条件"包括2只大钳子"时还会有这么多"一共8条腿"的答案呢？这明显是一个常识性的错误。问题出在了提供错误知识点的大量科普作品尤其是绘本和动画片上。当这些科普作品的作者不具备专业知识时，就会将错误的信息融入作品中，传递给读者，尤其是儿童和青少年，比如把螃蟹画成2只大钳子和6条腿。至今市面上许多的科普作品仍然存在这种常识性的错误。

关于螃蟹，我会问到的第二个问题是"螃蟹怎么分公母？"对于这个问题，反馈回来的答案正确率就比较高了，"公的腹甲是三角形的，母的腹甲呈圆形"，吃过螃蟹的人大多知道如何区分，当然也有一部分人仍然不了解。

海洋中分布的螃蟹，大部分是雌雄异体，只有少数是雌雄同体。在外观上，大多数螃蟹的雌、雄个体的配色和花纹没有明显的差别，只有少数螃蟹有明显差异，比如雌性远海梭子蟹（*Portunus pelagicus*）的头胸甲呈单调的墨绿色，而雄性个体的头胸甲则呈蓝绿色，并搭配漂亮的白色花纹，俗称"蓝花蟹"；通常情况下，同龄的螃蟹成体中，雄蟹的个头要比雌蟹大；大部分螃蟹种类雌性和雄性的螯足外形相似，但同龄成体的螯足，雄性通常大于雌性，一些特定的类群比如招潮蟹家族，在螯足上能看到明显的差别，雄蟹是"一大一小"两个差异悬殊的钳子，雌性则是一对对称的小钳子；最后就是腹甲形状的差别，雄性腹甲通常呈三角形，而雌性腹甲较宽大，呈长卵形或圆形。打开腹甲看内部，通常雄性的第4腹甲（腹甲共分为7节）上有1对圆形的突起，而雌性的第5腹甲上有1对生殖孔。在内部结构上，螃蟹两性生殖器官的构造不同。雌性生殖器官主要包括卵巢、输卵管和纳精囊，雄性生殖器官则主要包括精巢、输精管和副性腺，输精管又分为腺质部、储精囊和射精管3个部分。在繁殖季节，螃蟹的精巢和卵巢发育成熟，饱满膨大，充盈着头胸甲内大部分空余的空间，此时通过肉眼就可以分别雌雄。通常雌性的卵巢呈黄色或橙色，即"蟹黄"，而雄性的精巢呈乳白色，即"蟹膏"。

螃蟹的繁殖通常分为四个阶段：交配、排卵、抱卵、孵化。雌蟹在交配前需要完成一次蜕壳，通常交配在雌蟹刚完成蜕壳时进行，而在抱的卵全部孵化后，才会进行下一次蜕壳。因此交配前，雄蟹会到处寻找将要蜕壳的雌蟹，一旦锁定目标，雄蟹就毫不犹豫地从背后抱夹雌蟹，一起生活并保护雌蟹，防止到手的"新娘"被其他雄蟹"抢婚"。当雌蟹

隆线豆形拳蟹交配后面对面抱夹　　　　　　雄性隆线豆形拳蟹从背部抱夹雌性

完成蜕壳时，雄蟹就立刻与雌蟹进行交配，此时两者的方位发生了变化，雄蟹从背部抱夹转向与雌蟹面对面抱夹，随后雄蟹将雌蟹压在身下，此时它们都张开腹甲，雄蟹用腹甲末端压住雌蟹的腹甲，并将交接器插入雌蟹生殖孔内，输送精荚，精荚会储存在雌蟹的纳精囊中。交配时间可持续1~2天，在这个过程中，它们一直保持着交配姿势。比较有趣的是关公蟹，它们为了背负树叶、贝壳、海胆壳的物体伪装自己，最后2对足发生了特化，末端变成钩子状，当它们进行交配时，其中一方的背负物仍然紧紧勾在背上，这样当潮水涨上来时，它们的交配就不受影响，可以一起以交配姿势躲在背负物的伪装下。交配完成后，很多种类的雄蟹还会更换抱夹姿势，先换成从背部抱夹雌蟹，过一段时间再换成面对面抱夹，并继续跟雌蟹生活一段时间，一方面保护排卵期雌蟹的安全，另一方面也是看紧雌蟹，防止其他雄蟹乘虚而入，保证自己的优秀基因能够传承下去。随后，雌蟹开始排卵，不同种类的排卵量不一，有些甚至达到200万粒左右，卵在纳精囊中完成受精，受精卵附着在雌蟹腹甲内的腹肢上，进入抱卵期。

　　抱卵期的雌蟹通过不时扇动腹甲或腹肢清洁受精卵，同时为受精卵提供充足的水体交换环境，有些螃蟹还有特殊的行为。有一次我在沙滩上观察被冠以"沙滩上的博尔特"的蟹类界短跑健将角眼沙蟹（*Ocypode ceratophthalmus*），它们会跑到潮水线附近"冲浪"。当潮水涨上来时，雌蟹会冲向潮水，将要碰到潮水线时突然"刹车"，然后靠近海水的一侧步足朝下压，靠岸的另一侧步足往上拱，身体也自然向潮水涌来的一侧倾斜，这个动作反复做了很多遍，若眼睛上出现异物，它会伸出位于口器旁的颚足进行清理，而不是使用

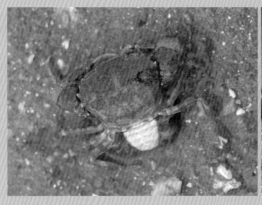

隆线强蟹

熟练新关公蟹交配时仍背着树叶　钟丹丹供图

大螯。这种姿势和重心的调整能够让其在海浪的冲刷中不至于被冲走，但为什么它要不停地做这个动作呢？有一种可能是海浪的冲刷有助于受精卵的孵化。

经过大约2周的抱卵期，受精卵发育成熟，破膜孵化后成为溞状幼体，又经过2~5次的蜕皮，成长为大眼幼体，随后再经过1~3次的蜕皮变形为稚蟹。溞状幼体期和大眼幼体期都是营浮游生活。到了稚蟹期，它们的腹部由拖在身后折叠到头胸甲下方，成为腹甲（也就是"蟹脐"），此时，它们的长相就和成体很相似了。经过半年到一年的生长，稚蟹将经历12~13次蜕壳，才能变成性成熟的成体，继续接过祖辈繁殖的接力棒，延续种族的繁荣。在成体阶段，螃蟹还会经历5~6次的蜕壳，最终寿终正寝。螃蟹的一生要经历20次左右的蜕皮或蜕壳，不同种类在各个阶段蜕皮或蜕壳的次数不尽相同。

雌性角眼沙蟹抱卵冲浪

坚硬的外壳是螃蟹强有力的保护盔甲，但同时又限制了螃蟹的生长，因而螃蟹长大的过程需要通过一次次的蜕壳来实现。蜕壳过程通常分为4期：蜕壳前期，钙从老壳中转移至血液，新壳逐渐在老壳下形成；蜕壳期，螃蟹带着柔软的新壳从老壳的头胸甲和腹甲交界处破壳而出，并迅速吸收水分；蜕壳后期，螃蟹多躲藏起来不吃不喝，等待新壳逐渐钙化变硬后，才开始觅食；蜕壳间期，新壳继续硬化，同时组织生长到与新壳相匹配。此时，蜕壳的全过程才算完成。

虾类（包括外形像"虾样"的十足目动物）是螃蟹的十足目亲戚，它们的生长过程与螃蟹类似，同样需要经过多次的蜕皮或蜕壳才能长大。但有些虾类的繁殖行为却与螃蟹迥然不同。十足目可分为枝鳃亚目（Dendrobranchiata）和腹胚亚目（Pleocyemata）。枝鳃亚目包括对虾总科（Penaeoidea）和樱虾总科（Sergestoidea）的生物，它们的鳃呈分枝状，产卵时直接甩到水里而不抱卵，比如餐桌上常出现的日本对虾（*Penaeus japonicus*）和须赤虾（*Metapenaeopsis barbata*）等；腹胚亚目俗称抱卵亚目，十足目里除了枝鳃亚目的生物，其他都隶属于腹胚亚目，比如各种螃蟹、龙虾、克氏原螯虾（*Procambarus clarkii*，即小龙虾）等，它们的鳃呈片状或丝状，产卵时会把卵抱在腹下保护。伍氏奥蝼蛄虾（*Austinogebia wuhsienweni*）也是腹胚亚目的成员，它们也会将黄褐色的卵抱在腹部下方保护起来。

对于十足目不同物种而言，无论是枝鳃亚目甩掉后代的"放养式"繁殖策略，还是腹胚亚目抱紧后代的"圈养式"繁殖策略，其实没有高低之分，都是长期演化的结果。因此，只要是适合自己的方式，都是最好的繁殖策略。

伍氏奥蝼蛄虾

伍氏奥蝼蛄虾抱卵，卵中的幼体清晰可见

文昌鱼——
海洋"活化石"的前世今生

在"二十一世纪是生物学的世纪"的召唤下，2000年我如愿保送进入厦门大学生命科学学院，开始了生命科学的系统学习和探索之旅。进入厦大生科院后，我和其他同学一样，很快就听闻了文昌鱼、红树林等这些明星物种或类群的名字，这是认识院系创办和研究历史的第一课。

在厦门大学，生物学科是创立最早的学科之一，其前身为植物学和动物学，在陈嘉庚1921年创办厦门大学的第二年就已设立，至今已有100余年的历史，是我国最具影响力的生物学人才培养和科学研究的重要基地之一。谈及厦大生物学科的发展历史，文昌鱼是绝对无法绕开的话题。厦门大学发表在国际顶级学术刊物上的第一篇论文，是1923年在厦大任

白氏文昌鱼（雌性）

教的美籍动物学家莱德（S. F. Light）在美国《科学》（*Science*）杂志上发表了《厦门大学附近的文昌鱼渔业》（"Amphioxus fisheries near the University of Amoy, China"），报道了当时厦门大学附近的海滨有大量的文昌鱼资源，描述了当地渔民捕捞文昌鱼使用的工具和生产活动情况，估计了该地区文昌鱼的年产量，并认为这是全世界唯一的文昌鱼渔场。这篇文章让厦门海域盛产文昌鱼的名声不胫而走。在那个年代，文昌鱼在世界各地十分罕见，一个大学的实验室以拥有一两条文昌鱼标本而引以为荣。莱德的论文轰动了当时的生物界，厦大动物学系也设立了生物材料供应处，对国内外供应教学使用的包括文昌鱼标本在内的各种标本，在1923年之后的很长一段时间里，世界上有关文昌鱼的研究，无不取材于厦门的文昌鱼，而厦大也以研究文昌鱼而闻名于国内外学术界。可以说，文昌鱼是厦门和厦门大学近百年来的一张生物学名片。

为什么文昌鱼如此重要？这要从它的特殊性及其在动物界演化中所处的地位说起。

文昌鱼虽然名中有鱼，但它并非真正的鱼类，而是一种有着大约5亿年演化历史的非常古老的头索动物，只因形状像条鱼，而且能游泳，所以谓之"鱼"。所有的动物可分为无脊椎动物和脊椎动物（其实称为"无脊索动物"和"脊索动物"更为恰当）两大类群。无脊索动物是个体发育过程不出现脊索的动物的统称，包括软体动物、节肢动物、棘皮动物、环节动物、刺胞动物等，是比较低等的动物；而与之相对的是脊索动物，即个体发育全过程或某个阶段具有脊索，包括头索动物、尾索动物和脊椎动物。所有的脊索动物在早期发育阶段都具有脊索，起到重要的支撑作用，但到了发育后期，不同脊索动物的脊索发育方向发生了转变。像文昌鱼一样的头索动物终身保留脊索，海鞘等尾索动物的脊索则完全退化，而人类等哺乳动物的脊索则发育成了脊柱。因而，文昌鱼是介于无脊索动物和脊索动物之间的过渡类群，是最原始的脊索动物，也是研究脊椎动物起源和演化的"活化石"。

文昌鱼不仅在动物界所处的地位很特殊，它的长相也很奇葩。第一，"没头"：文昌鱼没有传统意义上的头部，身体分为前段和后端，前段长有斗笠状的口须用以滤食浮游生物和硅藻；第二，"没骨"：文昌鱼没有骨头（骨质化的脊柱），全靠背部的脊索支撑身体；第三，"没心"：文昌鱼没有心脏，只能靠鳃动脉和腹大动脉等组成的循环系统的伸缩带动血液流动，而且它的血液不含血细胞，是无色的；第四，"没脑"：文昌鱼没有大脑，由一条位于脊索背部的厚壁神经管替代，也没有嗅觉、视觉、听觉等感受器官。真是能省则省，懒到家了。

文昌鱼在我国主要分布在山东、福建、广东和海南等海域低潮线附近至水深约16米的粗沙质底，其中在福建分布的物种有白氏文昌鱼（*Branchiostoma belcheri*）和日本文昌鱼（*Branchiostoma japonicum*）。历史上只在福建厦门附近的刘五店渔场（也就是莱德当年调查的地方）形成过成规模的鱼汛，而我的朋友林大声所在的鳄鱼屿周围的沙洲就是这种海洋生物重要的栖息地之一。鳄鱼屿位于厦门市翔安区琼头村西南方海域，因岛屿形状像鳄鱼而得名。1990年，大声的父亲林北水承包了鳄鱼屿，从此开始了持续30多年的岛屿生态修复工作。大声是第二代岛主，他更愿意人们叫他"鳄少"。据他介绍，小时候他也曾跟着父亲一起出海捕捞过文昌鱼。为了了解这一段历史，我专程到翔安拜访捕捞过文昌鱼的最后一代渔民，仔细观察在他家的柴火间里封存已久的全套文昌鱼捕捞工具，也跟随他去海边模拟了当时文昌鱼捕捞的各个环节和工具的具体使用方式，发现工具的每一个细节设计、捕捞环节的每一个步骤，都是基于当地渔民长期对文昌鱼的生境和习性的观察而积累出来的经验，是集体智慧的结晶。可惜，这些智慧和产出在当今濒危物种保育、生态文明和可持续发展的大背景下，也必须与时俱进，成为尘封的记忆。

文昌鱼曾是厦门重要的海产品

传统的文昌鱼捕捞工具

厦门及附近海岛的渔民捕捞文昌鱼的历史至少有300多年，有记载的最高年产量达到过35吨。文昌鱼是厦门传统的海鲜文化符号之一，用来炒蛋、做菜或是煮面，都能为平平无奇的家常菜肴增添一份独特的甘甜和鲜香。从前下南洋的华侨们回到厦门省亲，返程时最常携带的特产之一就是文昌鱼干，这纤细透明的小"鱼"，承载了淡淡的乡愁。但是，由于抽取海沙造陆带来的栖息地破坏和过度捕捞，文昌鱼已经从鳄鱼屿以及刘五店海域消失了很多年。早在1988年，文昌鱼就被列为国家二级保护野生动物，1991年，厦门市成立了厦门市级文昌鱼自然保护区（现为"厦门珍稀海洋物种国家级自然保护区"的一部分），受到严格的保护。几年前，林大声曾告诉我，什么时候文昌鱼回来了，鳄鱼屿的生态修复工作就算是成功了。

为了开展文昌鱼的深度研究和保护，以金德祥教授为先驱的厦门大学多个研究团队陆续开展了30多年包括文昌鱼繁殖和人工育苗等系统研究。文昌鱼是雌雄异体的生物，除了生殖腺外，雌性和雄性在外观上并没有区别。文昌鱼的生殖腺在繁殖季节发育凸显，排列在肌节腹面围心腔的两侧，呈带状，紧贴于围心腔的内壁，由两层细胞包住。雄性生殖腺呈白色，外表光滑，而雌性生殖腺呈淡黄色，在放大镜下可见里面的一粒粒卵子。生殖腺的数量平均52个，其中左侧有27个，右侧仅25个。文昌

文昌鱼捕捞工具的使用方法还原

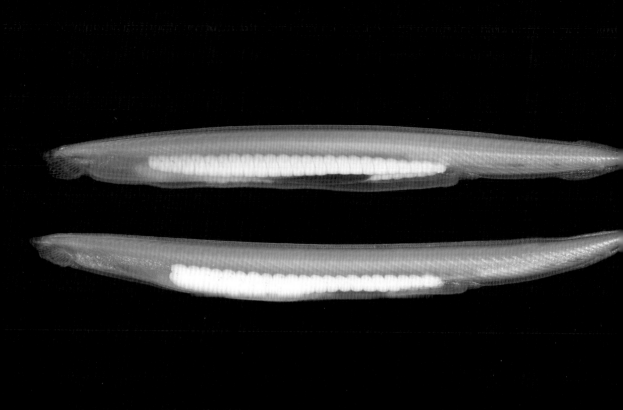

白氏文昌鱼（上雄下雌）　张继灵供图

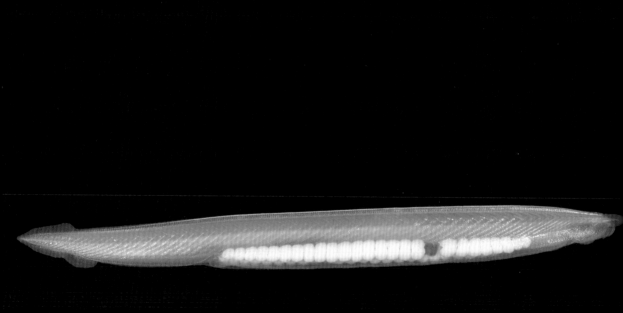

日本文昌鱼（雌性）　张继灵供图

鱼的寿命约两年半到三年，在一年中共产卵4~5次，通常5月下旬开始第一次产卵，在水中受精，并且产卵和放精在夜晚进行，因而在野外很难观察到这个过程。在实验室模拟环境中，科学家们观察并研究了文昌鱼的繁殖和发育的整个过程。在产卵受精后，仅经过10天左右胚胎发育期和幼虫期的水中浮游阶段，它们就潜居在沙中，逐渐长大。

文昌鱼通常将大部分身体钻进沙中，只有前端的小部分留在沙外，以便从海水中过滤食物。在受到刺激或遇到危险时，它们会用后端迅速地钻进沙里，有时也会用前端钻沙，或者离开沙子在水中通过身体的波纹状弯曲扭动向前游一小段距离，再钻进沙中。如果遇到大浪或退潮时，有些文昌鱼也会因为来不及钻到沙子里而平躺在沙面上，并不时扭动跳跃。

近两年，在各种媒体的催化下，社会上掀起了一股赶海热潮。赶海热潮一方面增加了公众与滨海湿地和海洋的接触机会，提升了公众对于海洋和生物多样性的认知，但在许多场景里，由于缺乏专业的科学普及和可持续保育理念的引导，各种活动中充斥着错误的知识和歪曲的理念，反而造成了巨大的影响和破坏。

白氏文昌鱼

厦门环岛路黄厝海滩一带低潮带和潮下带的沙洲，在厦门珍稀海洋物种国家级自然保护区的红线范围内，也是文昌鱼的重要栖息地之一。然而最近两年，每到天文大潮退潮期间，低潮线附近文昌鱼栖息的沙洲也会露出来，数百人甚至上千人的"挖花蛤"大军侵入潮间带，像犁田一般将沙滩和滩涂挖了一遍又一遍，除了收获大量的花蛤外，许多无法食用的海洋生物也纷纷遭殃，此外，还严重破坏了文昌鱼的栖息环境，尤其在5~7月的天文大潮期间，文昌鱼正处于繁殖期，在被海浪雕刻成波浪状纹理的沙洲凹沟处，常能发现大量生殖腺饱满的文昌鱼平躺着，有些是自然搁浅，但也有不少是被人为挖出来的。2021年，在社会组织和媒体的关注及推动下，厦门市曾组织多部门联合开展专项整治，取缔非法捕捞，劝导不文明的赶海行为，取得了一定的成效。然而，要取得科学长效的保育成效，未来还需要做更多的努力，包括公众的科学普及和保育意识提升、科学赶海体验理念的推广，以及持续系统的管理和保护机制的建立。

2022年的9月30日，林大声兴奋地告诉我一个好消息，他和科学家团队刚刚在鳄鱼屿附近的沙洲上发现了文昌鱼，文昌鱼终于回来了！

厦门文昌鱼自然保护区界碑

弹涂鱼——
滩涂上的"吸尘器"

　　位于福建省莆田市涵江区涵西街道延宁社区的河道入海口有一个千年历史的端明水闸，是宋代端明殿学士蔡襄在慈寿陡门的基础上重新修建。这座水闸是当地先民沿河择地而居的见证，早在唐贞观元年，先民们开始在这片河海交汇处筑坝建闸，并逐渐形成涵江古镇。我的老家就在这里，儿时父辈几兄弟常到河道入海口"讨小海"，在浅海滩涂上捕捉小型海边生物，其中我的叔叔技艺最娴熟，是个讨海高手，每趟都满载而归，而弹涂鱼和青蟹是最主要的收获。

徘徊于潮汐之间，身怀绝技

　　弹涂鱼是背眼鰕虎鱼亚科（Oxudercinae）弹涂鱼属（*Periophthalmus*）、大弹涂鱼属（*Boleophthalmus*）、齿弹涂鱼属（*Periophthalmodon*）和青弹涂鱼属（*Scartelaos*）4个

弹涂鱼

属种类的统称，目前已知全世界共有32种。中国共有弹涂鱼3属6种，其中最常见的是弹涂鱼（*Periophthalmus modestus*）、大弹涂鱼（*Boleophthalmus pectinirostris*）、青弹涂鱼（*Scartelaos histophorus*）。

弹涂鱼生长于海陆交汇的潮间带的淤泥质或泥沙质滩涂，常分布在有淡水注入的河口红树林区。它们既能在水里生活，又能离开水在滩涂表面活动，被称为"水陆两栖"鱼类，是水生鱼类进化到陆生四肢动物的过渡环节的代表。

潮间带有丰富的食物来源，充满了机遇，但同时也充满了挑战。比如日复一日的潮汐更迭，潮间带被完全淹没，又完全露出，紫外线强烈，同时伴随着潮汐的涨退和淡水的注入，潮间带的水体盐度不断发生着变化……为了适应潮间带特殊的生境，弹涂鱼也演化出许多特殊的结构和适应性，可谓身怀绝技。

首先，解决呼吸的问题。

作为不折不扣的鱼类，弹涂鱼在水里也以鳃呼吸，但在离水活动时，特殊的"呼吸系统"开始发挥作用。它们的口腔、鳃腔内壁以及皮肤表面密布着毛细血管网，这些地方只

弹涂鱼

要保持湿润，便可以辅助呼吸，获取氧气。在滩涂上常能看到弹涂鱼快步爬行、嬉戏打闹，但没过多久就要就近找个水坑在里面打几个滚，并鼓着"腮帮子"，饱含一口水，再爬出来活动。保持湿润的皮肤也是潮间带防晒、防脱水的最佳途径。

其次，解决运动的问题。

弹涂鱼有一对发达并特化的胸鳍，可支撑身体爬行，并在身后留下一道明显的爬行轨迹，中间是呈直线的腹部拖痕，两侧各有一条平行且对称的胸鳍爬痕；它们的两个腹鳍特化为类似吸盘的结构，能够吸附于物体上，因此有些种类的弹涂鱼可利用腹鳍爬到红树植物树干或礁石上，但离地高度通常不超过1米；它们的尾部强壮有力，依靠尾部的爆发力和胸鳍的配合，能在滩涂上跳来跳去，这是"弹涂鱼"名称的由来，也被称为"跳跳鱼"，有些小型弹涂鱼，比如弹涂鱼，还会利用灵敏的尾部挥动尾鳍不断击打水面，在水上跳跃运动，如果不仔细观察，会误以为是谁家调皮的小孩正在拿小石片打水漂。

再次，解决安全的问题。

弹涂鱼基本都是穴居，它们是优秀的建筑师，掘穴时不停爬进爬出，靠大嘴巴一口一口挖泥土并搬出洞口丢弃。当洞穴被潮水损坏时，它们就会进行疏通和修补。不同种类的弹涂鱼掘穴的形状和深度有很大差异，大弹涂鱼的洞穴最深，可达1米，纵截面最复杂，类似不规则的蚁穴；许氏齿弹涂鱼（*Periophthalmodon schlosseri*）的洞穴深度居中，大约50厘米，纵截面为"U"字形；弹涂鱼的洞穴最浅，仅有30厘米左右，纵截面为"Y"字形。所有的洞穴都有2个出口，一个为"正门"，用于日常进出，一个为"后门"，用于换气和

大弹涂鱼

遇到危险时逃跑。许氏齿弹涂鱼还会在"正门"口挖一个大坑，有些为圆形，有些呈正方形，退潮时坑内还会蓄水，它们除了出门觅食，大部分时间泡在自家的大水坑里。

弹涂鱼有一对可以独立运动的眼睛，位于头顶，这有助于它们趴在泥滩里隐藏时能全方位观察周围的状况，以便遇到危险时及时逃脱；另外，它们的眼睛可以快速回缩到富含水分的眼窝里，从而应对退潮后潮间带的高温和焦灼。

最后，解决吃饭问题。

不同属的弹涂鱼的食谱千差万别。看起来最生猛的大弹涂鱼属成员其实真的是"吃素"的，它们是纯正的"素食主义者"，其主食是滩涂表面的底栖硅藻。它们的食相很逗趣，将大嘴巴贴到淤泥表面，一边缓慢爬行一边摇头晃脑，犹如工作中的吸尘器；弹涂鱼属和青弹涂鱼属的鱼类则是"肉食主义者"，它们偏爱沙蚕、小型虾蟹、桡足类等多毛纲和甲壳纲动物，也吃一些软体动物的卵和其他小型动物的尸体；青弹涂鱼属的成员则是杂食性的，它们既取食底栖硅藻，也吃小型动物。

青弹涂鱼

除了食物差异很大外，不同属的弹涂鱼在鳃的形态结构、分布范围等方面也存在很大差异，陆生程度由青弹涂鱼属、大弹涂鱼属、齿弹涂鱼属、弹涂鱼属依次变高，相应的

青弹涂鱼

水生性则依次降低。比如弹涂鱼属的新几内亚弹涂鱼、点弹涂鱼和大鳍弹涂鱼在低潮时可以远离水源或在泥滩上离水停留很长时间，高潮时甚至不返回水中或洞穴中，大部分时间在陆地上度过。这些差异性使得不同属的弹涂鱼形成了各自不同的生态位，即便分布于同一片栖息地，也可以减少竞争，和谐共存。

生性怪僻，传宗接代是第一要务

潮间带特殊的生境也许造就了弹涂鱼一系列的行为怪癖。各个鱼鳍的单独或组合竖立、鱼头的姿势、张嘴"怒吼"的幅度、鱼与鱼之间的站位、跳跃的高度等，都传递着特殊的信息，是特有的"弹涂鱼语言"。

以弹涂鱼的鱼鳍为例。无任何鳍张开代表不活跃或进食状态；仅第一背鳍竖起代表求爱、好斗、侵略或宣誓领地模式；仅第二背鳍竖起代表好斗或宣誓领地模式；第一和第二背鳍同时竖起代表好斗或求爱模式；尾鳍、第一和第二背鳍同时竖起代表好斗或侵略模式；仅胸鳍张开摆动代表求爱状态；尾鳍快速转动则表示求爱或恐吓状态。弹涂鱼的"鳍语"在平坦的滩涂上能够实现较远距离的信息传递，这让我想起了茫茫大海上船舶间远程交流的"旗语"，似乎有异曲同工之妙。当初"旗语"的发明者是否从弹涂鱼的"鳍语"中获得了灵感呢？

在常见的几种弹涂鱼中，我对大弹涂鱼情有独钟。清代聂璜在《海错图》中描绘的"怒目如蛙，侈口如鳢，背翅如旗，腹翅如棹，褐色而翠斑"指的就是大弹涂鱼。大弹涂鱼表现出特殊的领域性和繁殖行为，将"弹涂鱼语言"发挥得淋漓尽致。

雄性大弹涂鱼有着较强的领域行为，当它们在滩涂上特别是洞口周围活动时，若有其他大弹涂鱼靠近或招潮蟹挥舞大螯耀武扬威，它们常被激怒，表现为将鳃腔鼓起、张大嘴巴、两眼圆瞪、背鳍高扬从而宣示领地，甚至不惜大打出手。

大弹涂鱼

繁殖季节，雄鱼体表原本的亮蓝色斑点会变得更加鲜艳，这是它们的"婚色"，当有雌鱼靠近，雄鱼们还会展示特殊的"婚舞"，依靠发达的尾部在滩涂上不停地飞舞跳跃，用花哨的舞蹈吸引雌性。若雌鱼还在犹豫，雄鱼便会不停地在自己的洞口钻进钻出，邀请雌鱼："快跟我来！"如果雌鱼跟进去了，并不代表它真的动心了，还要过"婚前看房"这一关。雌鱼选择婚房的标准当然也很苛刻，除了安全、宽敞、气派外，还要看"育儿房"是否合格，如果不满意，雌鱼会毫不犹豫扭头就走，另寻新欢。这似乎跟人类一样，若有别墅作为备选的话，谁也不会选择又阴暗又狭窄的地下室。

大弹涂鱼平时独居，只有在繁殖季节雌雄鱼才会居住在一起，但产卵后雌鱼就"跑路"了，剩下的工作丢给雄鱼来完成。雌鱼会将卵产在藏于洞穴中露出水面的安全孔道里，因为这里的氧气含量相对于水中更丰富，有助于鱼卵的生长和孵化，然而也会很快消耗。雄鱼便时常钻出洞口，张大嘴巴饱含一口空气，再钻进洞口潜入水中，沿着洞穴游到卵所在的安全孔道里，将嘴里的空气吐出，随后又一遍遍重复空气搬运的工作，以保证安全孔道里有充足的氧气。雄鱼不生产氧气，只是氧气的搬运工。

看来和人类一样，大弹涂鱼谈恋爱也煞费苦心！

弹涂鱼在生态系统中扮演着重要的角色。它们通过掘穴和搅动，提升了土壤的通气质量，促进了周围包括红树植物在内的植物的生长；它们作为消费者和捕食者通过取食底栖硅藻、小型动物及尸体促进了潮间带物质和能量的流动；同时，它们作为被捕食者，常常成为众多水鸟以及蛇的盘中餐；就连微不足道的类似蚊子的小飞虫，也常大量聚集在弹涂鱼的头部和背部吸食血液，而且特别喜欢许氏齿弹涂鱼。这样看来，许氏齿弹涂鱼一直躲在水坑里只露出眼睛还是有原因的，不过即便是只露出眼睛，也成了小飞虫们的目标，于是我们常看到许氏齿弹涂鱼不停地将眼睛收回到眼窝中，实在不堪其扰，干脆将整个头也埋进水里，估摸着小飞虫已经飞走了，再露出眼睛来。可是这些小飞虫们也表现出了典型的"协同进化"，它们并不飞走，而是耐心等待许氏齿弹涂鱼再次露出头来，将美味送到眼前。

弹涂鱼对潮间带生境有一定的要求，受人为干扰、栖息地破坏、环境污染的影响很大，是重要的潮间带环境指示种。此外，弹涂鱼还是我国东南沿海餐桌上的传统美食。早在一百多年前，郭柏苍在《海错百一录》里就记载了当时福州的弹涂鱼吃法；在浙江宁波宁海，婴儿出生满四个月的开荤仪式用的主角是弹涂鱼，当地人希望孩子摔倒时能像弹涂鱼一样昂起头，不嗑到地，还有"开荤娃娃吃跳鱼，一世生活有富余"的美好寓意；在福建晋江安海，小孩到了学走路的年纪，父母便会用最善跳跃的"花跳"炖姜片给孩子滋补。此外，浙江温州和宁波还有"冬天跳鱼赛河鳗"的说法。

由于栖息地破坏和过量采捕，野生的弹涂鱼资源已日益减少，不足以满足人们的食用需求。二十世纪八十年代，福建宁德霞浦开始尝试弹涂鱼养殖，在一定程度上缓解了这种矛盾。随之而来的问题是，大弹涂鱼的人工育苗技术虽然已经成熟，却仍无法满足如此大的养殖规模，大部分的鱼苗仍需要在野外捕捞，但潮间带的严重变迁和栖息地的大幅减少，导致野外的大弹涂鱼鱼苗数量也越来越少。随着时代的变迁，这种供需矛盾也在不断变化，甚至因为生境的破坏而被不断激化。

2000年左右，我的老家涵江发生了翻天覆地的变化，楼房增多了，河水变臭了，滩涂减少了。如今，端门水闸外入海口的潮沟越来越窄，两侧滩涂上堆积着垃圾，长满了杂草，弹涂鱼几乎销声匿迹。我的叔叔至少有二十年没有在这里讨小海了。

日复一日，潮汐更迭。潮间带发生着剧变，弹涂鱼该何去何从！

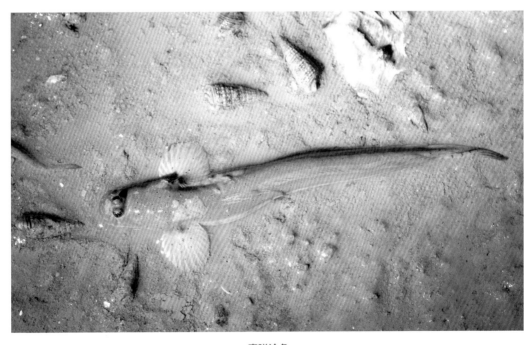

青弹涂鱼

鱼类——
多元的繁殖策略

"要多吃鱼，吃鱼能变聪明！"这是很多不喜欢吃鱼的人小时候的共同记忆。吃鱼是否能让人变聪明，支持方和反对方各执一词，在这里不做讨论，但鱼类和许多食物一样都具有丰富的营养物质，有助于人体生长和新陈代谢，多吃无妨。

对于"非典型吃货"而言，大多数鱼肉只是附属品，我更喜欢鱼身上的"鱼杂"，比如啃着磨牙的鱼眼珠子、鱼眼后方的非常有嚼劲的"月牙肉"、富含胶原蛋白软糯的"鱼头云"、入口即化的鱼脑、鲜食口感弹牙晒干油炸后香脆的"鱼泡"（鱼鳔），以及丰腴香糯的"鱼籽"（雌鱼卵巢）。其中，吃得最多的还是鲻鱼（*Mugil cephalus*）的"鱼籽"。

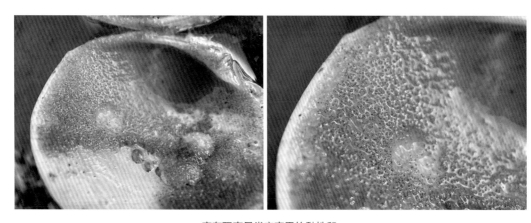

产在双壳贝类空壳里的黏性卵

每年冬至的前后十天，成群的鲻鱼从北方沿海洄游到我国台湾西南部沿海产卵，此时鲻鱼的卵巢已经非常饱满，达到了最佳状态，通过繁琐的盐渍、板压脱水、风吹日晒的程序，人们将其加工成色泽橙黄通透的"乌鱼子"。经过炭火炙烤，外焦里嫩，香气扑鼻，口感略黏牙，一切都恰到好处。难怪日本人会将其视为"世界三大美食"之一。300多年来，它一直是台湾最贵重的渔获之一。如今，台湾云林县已经实现了鲻鱼的大规模人工养殖，这里也成为台湾最大的"乌鱼子"加工基地，我也曾慕名专程到云林品尝"乌鱼子"。在隔海相望的福建沿海上，包括我的老家莆田，也保留着食用鲻鱼的传统，但与台湾不同，福建人通常将整条鱼直接烹饪，而不会专门精细加工成"乌鱼子"。

显然，莆田人所谓的鲻鱼"鱼籽"是繁殖期雌鱼充盈的卵巢，并非单纯的鱼卵，但也有只视鱼卵为美食的案例，比如在日本料理店里常备的多春鱼，通常都是满腹鱼卵的个体，鱼卵是多春鱼最精华也是最具可食性的部分。此外，与松露、鹅肝并称为"西方三大珍馐"的鱼子酱是更典型的例子。狭义的鱼子酱仅由鲟科鱼类的卵制成，广

纹缟虾虎鱼在蚶壳里产卵

纹缟虾虎鱼产卵后有护卵行为

义的鱼子酱原料包括其他鱼类的卵，比如日料店里制作寿司等料理常用到的"鲑鱼卵"和"鲱鱼卵"。

与其他生物一样，鱼类会积蓄大量的能量和营养用于一生中最重要的繁殖阶段，这也就是繁殖期鱼类生殖腺和卵充满丰富营养物质、口感丰腴的原因。鱼类家族庞大、成员众多，而且分布广泛、生境多元，从高原湖泊到淡水溪流、从潮间带到深海、从自然湿地到人工湿地，都能看到它们的身影，为了适应各种不同的生境，鱼类也演化出了复杂、多元的繁殖策略。

从繁殖过程来看，这些策略通常包括求偶、交配、产卵、护卵、育幼等；从繁殖方式的角度，鱼类大部分为卵生，一小部分为卵胎生，少数为胎生，极少数的种类还能进行孤

大型藻类上的竹云鳚黏性卵　王举昊供图

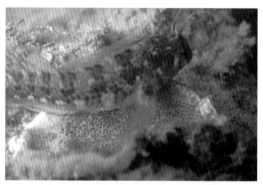
八部副鳚产卵后具有护卵行为　王举昊供图

产卵中的裸项蜂巢虾虎鱼　王举昊供图

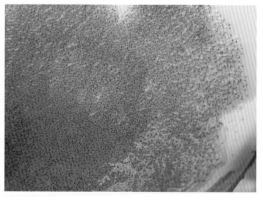
裸项蜂巢虾虎鱼将黏性卵产在双壳贝类的空壳内　王举昊供图

雌生殖；从受精和受精卵发育的层面，又分为4种，即体外受精体外发育、体外受精体内发育、体内受精体外发育和体内受精体内发育。

此外，还有一些特殊的现象或行为。有些鱼类进入繁殖期会出现"婚配色"，尤其是雄鱼，体色变得特别鲜艳；有些鱼类会出现第二性征，比如部分鳍条呈长丝状；有些鱼类存在"性逆转"现象；有些鱼类的生长区域和繁殖区域不同，两个区域距离近的类群，例如一些日常生活在稍深水域的近海鱼类在繁殖期会游到更浅的近海、潮下带甚至潮间带产卵，而距离远的类群繁殖期具有生殖洄游的天性；有些鱼类需要先做巢后产卵；有些鱼类与其他生物形成繁殖期的共生关系，比如鳑鲏和河蚌；有些鱼类产卵后具有护卵行为；有些鱼类将受精卵含在口里甚至吞到肚子里孵化。海马是长相诡异的鱼类，也是少数由雄性负责"生育"的鱼类之一。雄性海马腹部有一个"育儿囊"，繁殖期雌性海马将卵产在雄性海马的"育儿囊"里与精子受精，剩下的工作就不管了。雄性海马挺着"大肚子"带着受精卵生活，待小海马孵化后，它就将小海马从"育儿囊"中喷射而出。

鱼卵的类型可分为浮性卵、漂浮性卵（半浮性卵）、黏性卵和沉性卵。有些鱼类终生生活在潮间带，它们的繁殖过程就有可能在潮间带被完整观察和记录，比如纹缟虾虎鱼（*Tridentiger trigonocephalus*）是厦门潮间带常见的虾虎鱼科种类，它通常选择在双壳类的空壳内产卵，它的卵属于黏性卵，密密麻麻的黏在贝类内壁上，同时它还具有典型的护卵行为，卧在卵的周围直到幼体孵化后才离开。八部副鳚（*Parablennius yatabei*）、竹云鳚（*Pholis crassispina*）和裸项蜂巢虾虎鱼（*Favonigobius gymnauchen*）是山东青岛潮间带常

在潮间带偶尔能捡到附着在大型藻类上被海浪带上来的鱼卵，里面还生活着许多海蛇尾

见的鱼类。八部副鳚和竹云鳚生活在潮池中，八部副鳚会将黏性卵产在潮池礁石上的牡蛎空壳里，而竹云鳚则将黏性卵产在大型藻类上。裸项蜂巢虾虎鱼生活在沙质区，它也会选择将卵产在双壳贝类的空壳中。

除此之外，在潮间带也有机会见到被海浪卷上来的非潮间带区域鱼类产的鱼卵，浮性卵和漂浮性卵由于自身的随波逐流的属性，自然有机会被海水带到潮间带搁浅，而一些产在大型藻类等附着物上的黏性卵也可能出现，若附着了鱼卵的藻类被啃断或折断，飘到了海面上，就会随着海流来到潮间带。例如长相巨丑的黄鮟鱇（*Lophius litulon*），它是暖水性底层鱼类，栖息于水深25~500米的泥沙质底海域。它产的卵属于浮性卵，受精卵包裹在果冻状的卵囊里，质感很像青蛙的卵。

海岸潮间带随时都在上演精彩的故事。下次有机会到海边玩，除了踏浪、游泳、挖沙子、捡贝壳外，不妨蹲下来仔细观察，也许会有更精彩的收获，从此打开通往潮间带生物世界的大门。

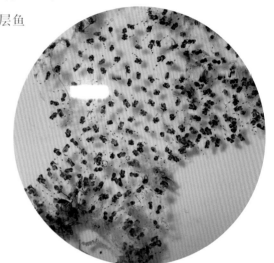

黄鮟鱇的浮性卵　王举昊供图

附录 物种名录

多孔动物门	**Porifera**			
寻常海绵纲	**Demospongiae**			
荔枝海绵科	Tethyidae	柑橘荔枝海绵	*Tethya aurantium*	(Pallas, 1766)
环节动物门	**Annelida**			
多毛纲	**Polychaeta**			
沙蠋科	Arenicolidae	巴西沙蠋	*Arenicola brasiliensis*	Nonato, 1958
缨鳃虫科	Sabellidae	缨鳃虫科一种	Sabellidae und.	
软体动物门	**Mollusca**			
腹足纲	**Gastropoda**			
蜑螺科	Neritidae	多色彩螺	*Clithon sowerbianum*	(Récluz, 1843)
		变色蜑螺	*Nerita chamaeleon*	Linnaeus, 1758
		紫游螺	*Neripteron violaceum*	(Gmelin, 1791)
		奥莱彩螺	*Clithon oualaniense*	(Lesson, 1831)
玉螺科	Naticidae	格纹玉螺	*Notocochlis gualteriana*	(Récluz, 1844)
		斑玉螺	*Paratectonatica tigrina*	(Röding, 1798)
		黑田乳玉螺	*Mammilla kurodai*	(Iw. Taki, 1944)
宝贝科	Cypraeidae	亚洲阿文绶贝	*Mauritia arabica asiatica*	F. A. Schilder & M. Schilder, 1939
		货贝	*Monetaria moneta*	(Linnaeus, 1758)

（续）

腹足纲	**Gastropoda**			
		环纹货贝	*Monetaria annulus*	(Linnaeus, 1758)
		眼球贝	*Naria erosa*	(Linnaeus, 1758)
		肉色宝贝	*Lyncina carneola*	(Linnaeus, 1758)
梭螺科	Ovulidae	短喙骗梭螺	*Phenacovolva brevirostris*	(Schumacher, 1817)
嵌线螺科	Cymatiidae	粒蝌蚪螺	*Gyrineum natator*	(Röding, 1798)
汇螺科	Potamididae	东京拟蟹守螺	*Cerithidea tonikiniana*	Mabille, 1887
梯螺科	Epitoniidae	迷乱环肋螺	*Gyroscala commutata*	(Monterosato, 1877)
		尖刺梯螺	*Epitonium aculeatum*	(G. B. Sowerby II, 1844)
		日本梯螺	*Epitonium japonicum*	(Dunker, 1861)
		稻泽亚历山大梯螺	*Alexania inazawai*	(Kuroda, 1943)
海蜗牛科	Janthinidae	长海蜗牛	*Janthina globosa*	Swainson, 1822
骨螺科	Muricidae	爪哇荔枝螺	*Indothais javanica*	(Philippi, 1848)
		可变荔枝螺	*Indothais lacera*	(Born, 1778)
		黄口荔枝螺	*Reishia luteostoma*	(Holten, 1802)
		马来荔枝螺	*Indothais malayensis*	(K. S. Tan & Sigurdsson, 1996)
		疣荔枝螺	*Reishia clavigera*	(Küster, 1860)
		红螺	*Rapana bezoar*	(Linnaeus, 1767)
		亚洲棘螺	*Chicoreus asianus*	Kuroda, 1942

腹足纲	**Gastropoda**			
		红树棘螺	*Chicoreus capucinus*	(Lamarck, 1822)
		浅缝骨螺	*Murex trapa*	Röding, 1798
		纹狸螺	*Lataxiena fimbriata*	(Hinds, 1844)
		爱尔螺	*Ergalatax contracta*	(Reeve, 1846)
核螺科	Columbellidae	布尔小笔螺	*Mitrella burchardti*	(Dunker, 1877)
盔螺科	Melongenidae	管角螺	*Hemifusus tuba*	(Gmelin, 1791)
		角螺	*Hemifusus colosseus*	(Lamarck, 1816)
蛾螺科	Buccinidae	香螺	*Neptunea cumingii*	Crosse, 1862
织纹螺科	Nassariidae	方格织纹螺	*Nassarius conoidalis*	(Deshayes, 1833)
		节织纹螺	*Nassarius nodiferus*	(Powys, 1835)
		爪哇织纹螺	*Nassarius javanus*	(Schepman, 1891)
笔螺科	Mitridae	中国笔螺	*Isara chinensis*	(Gray, 1834)
芋螺科	Conidae	僧袍芋螺	*Conus magus*	Linnaeus, 1758
		鼬鼠芋螺	*Conus mustelinus*	Hwass, 1792
涡螺科	Volutidae	瓜螺	*Melo melo*	([Lightfoot], 1786)
衲螺科	Cancellariidae	白带三角口螺	*Scalptia scalariformis*	(Lamarck, 1822)
		金刚衲螺	*Sydaphera spengleriana*	(Deshayes, 1830)
马蹄螺科	Trochidae	托氏蝐螺	*Umbonium thomasi*	(Crosse, 1863)
饰纹螺科	Aplustridae	黑带泡螺	*Hydatina zonata*	([Lightfoot], 1786)

腹足纲	**Gastropoda**			
长葡萄螺科	Haminoeidae	泥螺	*Bullacta caurina*	(W. H. Benson, 1842)
		珠光月华螺	*Haminoea margaritoides*	(Kuroda & Habe, 1971)
		长葡萄螺科一种	Haminoeidae und.	
捻螺科	Acteonidae	黑纹斑捻螺	*Punctacteon yamamurae*	Habe, 1976
六鳃科	Hexabranchidae	血红六鳃	*Hexabranchus sanguineus*	(Rüppell & Leuckart, 1830)
仿海牛科	Dorididae	日本石磺海牛	*Homoiodoris japonica*	Bergh, 1882
侧鳃科	Pleurobranchaeidae	星斑侧鳃	*Berthella stellata*	(Risso, 1826)
片鳃科	Arminidae	乳突片鳃	*Armina papillata*	Baba, 1933
		虎纹片鳃	*Armina tigrina*	Rafinesque, 1814
		狭长片鳃	*Armina semperi*	(Bergh, 1866)
		皮片鳃属一种	*Dermatobranchus* cf. *striatellus*	Baba, 1949
		端点皮片鳃	*Dermatobranchus* cf. *primus*	Baba, 1976
多角海牛科	Polyceridae	屋脊鬓毛海牛	*Plocamopherus tilesii*	Bergh, 1877
		多角海牛属一种	*Polycera* sp.	
		多枝鬓发海牛	*Kaloplocamus ramosus*	(Cantraine, 1835)
		鬓发海牛属一种	*Kaloplocamus* sp.	
四枝海牛科	Scyllaeidae	背苔鳃	*Notobryon wardi*	Odhner, 1936
枝鳃海牛科	Dendrodorididae	红枝鳃海牛	*Dendrodoris fumata*	(Rüppell & Leuckart, 1830)
		小枝鳃海牛	*Doriopsilla miniata*	(Alder & Hancock, 1864)

（续）

腹足纲	**Gastropoda**			
		小枝鳃海牛属一种	*Doriopsilla* sp.1	
		小枝鳃海牛属一种	*Doriopsilla* sp.2	
		黑枝鳃海牛	*Dendrodoris nigra*	(W. Stimpson, 1855)
		树状枝鳃海牛	*Dendrodoris arborescens*	(Collingwood, 1881)
车轮海牛科	Actinocyclidae	日本车轮海牛	*Actinocyclus papillatus*	(Bergh, 1878)
盘海牛科	Discodorididae	武装盘海牛	*Carminodoris armata*	Baba, 1993
		东方叉棘海牛	*Rostanga orientalis*	Rudman & Avern, 1989
			Platydoris ellioti	(Alder & Hancock, 1864)
			Platydoris speciosa	(Abraham, 1877)
			Jorunna rubescens	(Bergh, 1876)
多列鳃科	Facelinidae	多列鳃科一种	*Phidiana militaris*	(Alder & Hancock, 1864)
多蓑海牛科	Aeolidiidae		*Spurilla neapolitana*	(Delle Chiaje, 1841)
	Trinchesiidae	食角孔珊瑚背鳃海蛞蝓	*Phestilla goniophaga*	J.-T. Hu, Y.-J. Zhang, S. K. F. Yiu, J. Y. Xie & J.-W. Qui, 2020
			Trinchesiidae und.	
两栖螺科	Amphibolidae	泷岩两栖螺	*Lactiforis takii*	(Kuroda, 1928)
三叉螺科	Cylichnidae	婆罗囊螺	*Semiretusa borneensis*	(A. Adams, 1850)

腹足纲	**Gastropoda**			
海兔科	Aplysiidae	蓝斑背肛海兔	*Bursatella leachii*	Blainville, 1817
		截尾海兔	*Dolabella auricularia*	([Lightfoot], 1786)
		黑斑海兔	*Aplysia kurodai*	Baba, 1937
		杂斑海兔	*Aplysia juliana*	Quoy & Gaimard, 1832
		日本海兔	*Aplysia japonica*	G. B. Sowerby I, 1869
		黑边海兔	*Aplysia parvula*	Mörch, 1863
	Hermaeidae		*Polybranchia orientalis*	(Kelaart, 1858)
棍螺科	Limapontiidae	马场棍螺	*Placida babai*	Ev. Marcus, 1982
海天牛科	Plakobranchidae	白边侧足海天牛	*Elysia leucolegnote*	K. R. Jensen, 1990
		深绿海天牛	*Elysia atroviridis*	Baba, 1955
耳螺科	Ellobiidae	伶鼬冠耳螺	*Cassidula mustelina*	(Deshayes, 1830)
菊花螺科	Siphonariidae	日本菊花螺	*Siphonaria japonica*	(Donovan, 1824)
		蛛形菊花螺	*Siphonaria sirius*	Pilsbry, 1894
双壳纲	**Bivalvia**			
帘蛤科	Veneridae	菲律宾蛤仔	*Ruditapes philippinarum*	(A. Adams & Reeve, 1850)
头足纲	**Cephalopoda**			
耳乌贼科	Sepiolidae	柏氏四盘耳乌贼	*Euprymna berryi*	Sasaki, 1929
乌贼科	Sepiidae	虎斑乌贼	*Sepia pharaonis*	Ehrenberg, 1831
		日本无针乌贼	*Sepiella japonica*	Sasaki, 1929
枪乌贼科	Loliginidae	莱氏拟乌贼	*Sepioteuthis lessoniana*	d'Orbigny, 1826

头足纲	**Cephalopoda**			
		火枪乌贼	*Loliolus beka*	(Sasaki, 1929)
		中国枪乌贼	*Uroteuthis (Photololigo) chinensis*	(Gray, 1849)
蛸科	Octopodidae	短蛸	*Amphioctopus fangsiao*	(d'Orbigny [in A. Férussac & d'Orbigny], 1839-1841)
		长蛸	*Octopus variabilis*	(Sasaki, 1929)
		拟豹纹蛸	*Hapalochlaena* cf. *maculosa*	(Hoyle, 1883)
节肢动物门	**Arthropoda**			
肢口纲	**Merostomata**			
鲎科	Limulidae	中国鲎	*Tachypleus tridentatus*	(Leach, 1819)
		圆尾蝎鲎	*Carcinoscorpius rotundicauda*	(Latreille, 1802)
软甲纲	**Malacostraca**			
蝼蛄虾科	Upogebiidae	伍氏奥蝼蛄虾	*Austinogebia wuhsienweni*	(Yu, 1931)
关公蟹科	Dorippidae	聪明关公蟹	*Dorippe astuta*	Fabricius, 1798
		熟练新关公蟹	*Neodorippe callida*	(Fabricius, 1798)
宽背蟹科	Euryplacidae	隆线强蟹	*Eucrate crenata*	(De Haan, 1835)
玉蟹科	Leucosiidae	隆线豆形拳蟹	*Pyrhila carinata*	(Bell, 1855)
菱蟹科	Parthenopidae	切缘武装紧握蟹	*Enoplolambrus laciniatus*	(De Haan, 1839)

软甲纲	**Malacostraca**			
扇蟹科	Xanthidae	菜花银杏蟹	*Actaea savignii*	(H. Milne Edwards, 1834)
		厦门近爱洁蟹	*Atergatopsis amoyensis*	De Man, 1879
沙蟹科	Ocypodidae	角眼沙蟹	*Ocypode ceratophthalmus*	(Pallas, 1772)
方蟹科	Grapsidae	四齿大额蟹	*Metopograpsus quadridentatus*	Stimpson, 1858
棘皮动物门	**Echinodermata**			
海参纲	**Holothuroidea**			
海参科	Holothuriidae	黑海参	*Holothuria (Halodeima) atra*	Jaeger, 1833
锚参科	Synaptidae	棘刺锚参	*Protankyra bidentata*	(Woodward & Barrett, 1858)
海胆纲	**Echinoidea**			
刻肋海胆科	Temnopleuridae	高腰海胆	*Mespilia globulus*	(Linnaeus, 1758)
脊索动物门	**Chordata**			
狭心纲	**Leptocardii**			
文昌鱼科	Branchiostomatidae	白氏文昌鱼	*Branchiostoma belcheri*	(Gray, 1847)
		日本文昌鱼	*Branchiostoma japonicum*	(Willey, 1897)
辐鳍鱼纲	**Actinopteri**			
虾虎鱼科	Gobiidae	纹缟虾虎鱼	*Tridentiger trigonocephalus*	(Gill, 1859)
		裸项蜂巢虾虎鱼	*Favonigobius gymnauchen*	(Bleeker, 1860)
锦鳚科	Pholidae	竹云鳚	*Pholis crassispina*	(Temminck & Schlegel, 1845)

辐鳍鱼纲	Actinopteri			
鳚科	Blenniidae	八部副鳚	*Parablennius yatabei*	(Jordan & Snyder, 1900)
鮟鱇科	Lophiidae	黄鮟鱇	*Lophius litulon*	(Jordan, 1902)